"O QUE É VIDA?"
50 ANOS DEPOIS

MICHAEL P. MURPHY
LUKE A. J. O'NEILL
ORGANIZADORES

"O QUE É VIDA?" 50 ANOS DEPOIS

ESPECULAÇÕES SOBRE O FUTURO DA BIOLOGIA

Tradução
Laura Cardellini Barbosa de Oliveira

2ª reimpressão

Editora UNESP

CAMBRIDGE UNIVERSITY PRESS

Título original em inglês: *What is Life?*
The Next Fifty Years. Speculations on the future of biology.

Praça da Sé, 108
01001-900 – São Paulo – SP
Tel.: (0xx11) 3242-7171
Fax: (0xx11) 3242-7172

Home page: www.editora.unesp.br
E-mail: feu@editora.unesp.br

Dados Internacionais de Catalogação na Publicação (CIP)
(Câmara Brasileira do Livro, SP, Brasil)

"O que é vida?" 50 anos depois. Especulações sobre o futuro da biologia / Michael P. Murphy, Luke A. J. O'Neill, organizadores; tradução Laura Cardellini Barbosa de Oliveira. – São Paulo: Fundação Editora da UNESP, 1997. – (UNESP/Cambridge)

Título original: What is life? The Next Fifty Years. Specula- tions on the future of biology.
ISBN 85-7139-168-8

1. Biologia – Filosofia – Congressos 2. Biologia – Congressos 3. Schrödinger, Erwin, 1887-1961. O que é vida? – Congressos 4. Vida (Biologia) – Congressos I. Murphy, Michael, 1963- II. O'Neill, Luke A. J. III. Série.

97-4574 CDD-574.0106

Índice para catálogo sistemático:

1. Biologia: Filosofia: Congressos 574.0106

Editora afiliada:

Asociación de Editoriales Universitarias de América Latina y el Caribe

Associação Brasileira de Editoras Universitárias

SUMÁRIO

PREFÁCIO

O cinqüentenário das palestras de Erwin Schrödinger sobre *O que é vida?* foi comemorado durante um congresso no Trinity College, Dublin, realizado de 20 a 22 de setembro de 1993. Nesse evento, cientistas de diferentes áreas especularam, à maneira das palestras originais de Schrödinger, sobre o desenvolvimento da biologia nos próximos 50 anos. Este livro relata a maioria dessas contribuições. Juntamos a elas outras contribuições de alguns cientistas que não puderam estar presentes no congresso.

Os editores agradecem à Otago University; à Wellcome Trust; à Embaixada Austríaca em Dublin; à Biochemical Society, em Londres; à Association and Trust (TCD); ao Dublin Institut for Advanced Studies; à Royal Irish Academy; à BioResearch Ireland, ao British Council; e às companhias Biotrin International e Pharmacia Biotech, pelo generoso apoio. É um prazer agradecer a ajuda e as sugestões recebidas, ao longo de todo o trabalho, de Dr. Joe Carroll, Decano em Ciências do Trinity College, Dublin; Dr. Tim Mantle, do Departamento de Bioquímica, Trinity College, Dublin; Professor John Lewis, do Dublin Institut for Advanced Studies; Professor David McConnell, do Departamento de Genética, Trinity College, Dublin; Professor Keith Tipton, do Departamento de Bioquímica, Trinity College,

Dublin; Professor Associado Merv Smith, do Departamento de Bioquímica, Otago University, Dunedin; Dr. Garret Fitzgerald, Dublin; e Sr. Louis le Brocquy, Carros, França.

1

"O QUE É VIDA?" UMA INTRODUÇÃO SOBRE OS PRÓXIMOS 50 ANOS

MICHAEL P. MURPHY[1]
LUKE A. J. O'NEILL[2]

Este livro é produto de um congresso realizado em setembro de 1993 no Trinity College, Dublin, em comemoração ao cinqüentenário das palestras que Erwin Schrödinger ali ministrou sobre *O que é vida?*, no ano de 1943. Schrödinger, prêmio Nobel de Física e um dos fundadores da mecânica quântica, foi a Dublin a convite de Éamonn de Valera, o Taoiseach (primeiro-ministro) da Irlanda, para ocupar a Cátedra de Física Teórica no recém-fundado Instituto de Dublin para Estudos Avançados (Moore, 1989; Kilmister, 1987). O convite seguiu-se à sua demissão da Cátedra de Física Teórica da Universidade de Grass após o Anschluss. Dublin foi oportuna para Schrödinger, que se adaptou bem, tornando-se uma personalidade de destaque na vida intelectual da cidade. Ele viveu em Dublin até seu retorno à Áustria em 1956, onde faleceu 5 anos mais tarde.

Schrödinger possuía interesses intelectuais amplos e durante a sua estadia em Dublin explorou áreas da filosofia e da biologia, além de dar continuidade ao seu trabalho sobre física teórica. Neste volume, nosso enfoque são suas idéias sobre a biologia; em *O que é vida?* ele concen-

1 Department of Biochemistry, University of Otago, Box 56, Dunedin, New Zeland.
2 Department of Biochemistry, Trinity College, Dublin 2, Ireland.

trou-se em dois temas da ciência biológica: a natureza da hereditariedade e a termodinâmica dos seres vivos. Suas idéias sobre a hereditariedade foram influenciadas por Delbrück, enquanto Boltzmann impulsionou a maior parte do seu trabalho sobre a termodinâmica dos seres vivos. Ele escolheu uma conferência pública para a primeira apresentação da sua visão da biologia. A palestra pública anual é uma obrigação estatutária do Instituto de Dublin para Estudos Avançados e, em fevereiro de 1943, Schrödinger ministrou uma série de três aulas para uma vasta audiência do Trinity College. Essas conferências eram populares entre os dublinenses e mais de quatrocentas pessoas assistiram à série completa. Sem dúvida, parte da popularidade advinha do título provocativo e das poucas diversões existentes durante a "emergência", como era chamada a Segunda Guerra Mundial na Irlanda neutra. Mas a isso somou-se o fato de Schrödinger ser um orador talentoso capaz de cativar sua audiência.

Ao serem publicadas num livro pela Cambridge University Press (Schrödinger, 1944), essas palestras tiveram um impacto internacional considerável. A publicação foi lida por toda parte e tornou-se uma das "pequenas obras" de maior repercussão na história da ciência (Kilmister, 1987). Surpreendentemente, apesar da sua reconhecida influência sobre os fundadores da biologia molecular (Judson, 1979), o papel preciso de *O que é vida?* ainda é alvo de discussões (Judson, 1979; Pauling, 1987; Perutz, 1987; Moore, 1989). Sem dúvida, parte da atração e penetração desse livro são a sua narrativa clara e a persuasividade dos argumentos. Schrödinger, apresentando-se como um "físico inocente", deixou claro como os seres vivos podiam equivaler-se a sistemas físicos. Tal abordagem já era difundida, mas *O que é vida?* não apenas a popularizou como indicou aos físicos que havia chegado o momento de considerarem problemas biológicos.

Quais são as idéias apresentadas nesse livro? Schrödinger discute dois temas baseados nas suas opiniões sobre hereditariedade e termodinâmica. Num deles, em geral citado como o tema da "ordem a partir da ordem", ele trata da maneira pela qual organismos transmitem informação de uma geração à outra. Como base para a sua discussão sobre o gene, ele utiliza o famoso trabalho de Timoféeff-Ressovsky et al. (1935) a respeito das alterações conseqüentes de mutações na mosca da fruta, onde o tamanho do gene foi estimado em aproximadamente mil átomos. A célula enfrentava o dilema de um gene de tais dimensões ter de sobreviver à disrupção térmica e ainda transmitir informação às gerações futuras. Schrödinger propôs que, para evitar esse problema, o gene provavelmente se tornara uma espécie de cristal aperiódico que armazenava informação através de um código na sua estrutura. Como é sabido, esta profética afirmação foi comprovada pelo trabalho sobre a estrutura do DNA que gerou o dogma central da biologia molecular. O segundo tema abordado foi a "ordem a partir da desordem". O problema enfrentado pelos seres vivos era como manter sua estrutura organizada e altamente improvável em vista da Segunda Lei da Termodinâmica. Schrödinger ressaltou que os seres vivos mantêm sua ordem interna criando a desordem no meio externo. Entretanto, o termo "neguentropia" criado por ele para denotar tal processo não foi bem recebido por outros cientistas (por exemplo, Pauling, 1987).

Nos 50 anos que se seguiram às palestras de Schrödinger, acostumamo-nos à questão da "ordem a partir da ordem", e muito do incrível sucesso da biologia molecular deste período pode ser visto como a formulação das implicações de tal idéia. É nisso que grande parte da reputação de *O que é vida?* se baseia. A questão da "ordem a partir da desordem" tem sido geralmente considerada menos importante. Entretanto, agora que estudos sobre a termodinâmica de sistemas afastados do equilíbrio e das estruturas dissipativas estão sendo aplicados a sistemas vivos, a importância do segundo tema pode ser reafirmada. Talvez daqui a 50 anos *O que é vida?* seja visto como profético mais pelo seu tratamento da termodinâmica de seres vivos do que pela sua previsão da estrutura do DNA.

Enquanto a influência de *O que é vida?* é reconhecida, as idéias ali expressas têm sido criticadas como não originais ou erradas por alguns (Pauling, 1987; Perutz, 1987) e defendidas por outros (Moore, 1987; Schneider, 1987). É verdade que muito do que está explícito em *O que é vida?* estava implícito em trabalhos anteriores. Entretanto, as críticas talvez não percebam um aspecto principal da singularidade de *O que é vida?*: o fato de um físico que passou da sua área de trabalho para outra que não era a sua especialização ter estimulado a pesquisa científica. Essa colocação interdisciplinar de questões provocativas não é comum na ciência; em *O que é vida?* as ponderações de um físico serviram de inspiração para pesquisadores futuros. É com este espírito que comemoramos as palestras ministradas há 50 anos por Erwin Schrödinger. Para tal, organizamos uma coletânea de vários artigos onde cientistas especulam sobre o futuro da biologia. Muito do que é apresentado neste livro talvez venha a ser considerado errado. Porém, acreditamos que esse espírito exploratório seja a melhor maneira de festejar o cinqüentenário da publicação de *O que é vida?*.

Referências bibliográficas

JUDSON, H. F. *The Eighth Day of Creation*: Makers of the Revolution in Biology. New York: Simon & Schuster, 1979.

KILMISTER, C. W. (Ed.) *Schrödinger*: Centenary Celebration of a Polymath. Cambridge: Cambridge University Press, 1987.

MOORE, W. J. Schrödinger's entropy and living organisms. *Nature*, v.327, p.561, 1987.

______. *Schrödinger*: Life and Thought. Cambridge: Cambridge University Press, 1989.

PAULING, L. Schrödinger's contribution to chemistry and biology. In: *Schrödinger*: Centenary Celebration of a Polymath. KILMISTER, C. W. (Ed.) Cambridge: Cambridge University Press, 1987, p.225-33.

PERUTZ, M. F. Erwin Schrödinger's What is Life and molecular biology. In: KILMISTER, C. W. (Ed.) *Schrödinger*: Centenary Celebration of a Polymath. Cambridge: Cambridge University Press, 1987, p.234-51.

SCHNEIDER, E. D. Schrödinger's grand theme shortchanged. *Nature*, v.328, p.300, 1987.

SCHRÖDINGER, E. *What is Life?* The Physical Aspect of the Living Cell. Cambridge: Cambridge University Press, 1944.

TIMOFÉEFF-RESSOVSKY, N. W., ZIMMER, K. G., DELBRÜCK, M. *Nachrichten aus der Biologie der Gesellschaft der Wissenschaften Göttingen* 1, p.189-245, 1935.

2

O QUE RESTARÁ DA BIOLOGIA DO SÉCULO XX?[1]

MANFRED EIGEN[2]

Quo vadis humanitas?

Chegamos à última década deste século, que influenciou, incomparavelmente, a vida do homem de maneira tão profunda. Talvez nenhum outro século tenha provocado níveis tão altos de apreensão e medo, ancorando-os à consciência humana. Tornamo-nos desconfiados. Quando uma descoberta é divulgada, nossa primeira pergunta não é "Que utilidade ela terá para a humanidade?", como faríamos antigamente, mas "Quais os danos que ela vai causar e como ela irá diminuir nosso bem-estar e saúde?". Nosso bem-estar atual se deve principalmente ao conhecimento científico, que elevou a vida média para 75 anos, aproximando-a do limite de idade biológico. A expectativa de vida no início deste século era de apenas 50 anos e no século anterior não passava dos 40. A curva de expectativa de vida também aumentou nos

1 Notificação: A versão original desta palestra foi publicada em 1993 no livro *Man and Technology in the Future* [*O homem e a tecnologia no futuro*], um resumo do seminário internacional realizado pela Royal Swedish Academy of Engineering Sciences em Estocolmo, Suécia.

2 Max Planck Institut für Biophysikalische Chemie, Postfach 2841, D-37077. Göttingen, Germany.

países em desenvolvimento, embora se encontre 50 anos defasada da nossa; enquanto isso, nossa expectativa de vida se aproxima de um limite máximo. E, no entanto, mais do que nunca, perscrutamos ansiosamente o futuro. Isto acontece apesar da aparente retificação, no plano político, de alguns dos mais graves e grotescos acontecimentos instigados pela humanidade neste século. É improvável que, nesta última década, venha a ser definido se as mudanças foram para pior ou para melhor.

Esta década não apenas significa o fim do século atual; ela abre as portas para o novo milênio. Sentimo-nos impelidos a refletir sobre aonde chegamos e sobre o caminho a seguir. Nosso dilema torna-se claro na pergunta: "A humanidade irá sobreviver ao fim do próximo milênio?". Das aproximadamente trinta gerações que abarcam um período de 100 anos, nós já temos uma experiência direta com duas ou três delas. Essas trinta gerações podem ser catalogadas em menos de uma página impressa; mas, apesar disso, 100 anos desafiam a nossa compreensão. Que previsões poderia Carlos Magno ter realmente feito a respeito dos nossos tempos? Uma experiência correta do passado é essencial para qualquer extrapolação sobre o futuro; mesmo assim, tudo o que é realmente novo permanece uma surpresa. O mesmo se dá no mundo da pesquisa básica. Novos *insights* podem abrir mundos de oportunidades inexploradas. E mais, aquilo que delimita nosso cotidiano depende essencialmente de descobertas e *insights* do passado mais recente. Tudo o que podemos dizer a respeito do futuro é quase um truísmo: mudanças de estilo de vida serão mais radicais no novo milênio do que foram neste que está por acabar.

A população mundial atual cresce de modo hiperbólico. De que maneira um crescimento hiperbólico difere do exponencial normalmente usado como referencial nas publicações pertinentes? Bem, este último envolve duplicações sucessivas em intervalos de tempo iguais, enquanto no crescimento hiperbólico os intervalos de tempo tornam-se regularmente mais curtos. Uma taxa de natalidade constante começa a gerar um crescimento populacional exponencial, mas, e acima de tudo, uma proporção crescente de pessoas vem atingindo a maturidade sexual devido às melhores condições de higiene e atendimento médico de bebês e crianças nos países em desenvolvimento. A duplicação mais recente da população mundial ocorreu há apenas 27 anos. Existem agora 5,5 bilhões de humanos na terra. Se as coisas continuarem segundo a lei hiperbólica, que tem descrito de maneira precisa o aumento populacional dos últimos 100 anos, haverá 12 bilhões de pessoas no ano 2020 e a curva de crescimento irá tender assimptoticamente ao infinito em 2040! Posso me ver sendo citado nos meios de comunicação: "Cientista profetiza catástrofe populacional em 2040". Vamos com calma agora: a única predição que posso fazer com certeza é a de que isso não vai acontecer; não pode acontecer simplesmente porque os recursos do nosso planeta são limitados. Não sabemos em que direção o novo século irá nos levar. Mas o aspecto realmente estranho do nosso dilema não é essa ignorância fatalista. Muito mais desconcertante é o fato de que não podemos concluir nada do padrão de crescimento atual, nem mesmo em princípio. Junto a tal singularidade, mesmo as menores flutuações podem ser amplificadas e acabar tendo um efeito gigantesco. Catástrofes, sejam em pequena escala ou globalmente, irão limitar o crescimento da população mundial. Essas catástrofes certamente não são uma novidade. Sabemos também da nossa posição indefesa, uma vez que elas são deflagradas. Existe algo inadequado na nossa ética, ainda atrelada a uma época em que a sobrevivência humana (ou a de pequenos centros demográficos) precisava ser assegurada através de uma numerosa prole.

Vocês podem querer rebater que a população de nações industriais há muito alcançou um equilíbrio. Em alguns países está até mesmo em declínio. Apesar disso, nossa densidade populacional é tão grande que se fosse espalhada por toda a superfície de terra firme daria uma população de 30 a 40 milhões de pessoas. Segundo um estudo de Roger Revell, esse seria aproximadamente o número máximo possível de ser mantido se mobilizarmos todos os recursos imagináveis do nosso planeta. Um aumento das colheitas mundiais próximo do máximo local na época em que Revell escreveu o trabalho (correspondendo, por exemplo, à colheita de milho do estado de Iowa, nos Estados Unidos) mal daria para alimentar tal população. Não haveria perspectivas de uma prosperidade geral. O número calculado por Revell talvez acomode algumas poucas regiões de ampla produção, mas na maioria das regiões haveria um déficit catastrófico. Nesta análise não mencionei os problemas ambientais que já estão ficando fora de controle. Nem tampouco foram mencionados os funis na exploração de recursos e produção de energia, ou na saúde pública, ou nas emergências médicas.

Isto deve ser suficiente para uma introdução. Eu quis descrever o pano de fundo do desenvolvimento da humanidade que está por vir. Não devemos perdê-lo de vista ao considerar o futuro da ciência e nossas associadas expectativas, medos e esperanças.

Passando agora para meu assunto principal, começarei a exposição fazendo um balanço da situação atual.

A biologia do século XX

Estamos plenamente justificados ao proclamar a segunda metade deste século como a era da biologia molecular, assim como a primeira metade foi a era da física atômica. De fato, os físicos foram os primeiros a embarcar na análise do conceito de vida, mesmo se no início isso levou à direção errada. A obra de Pascual Jordan (1945) *Physics and the Secret of Organic Life* [*A física e o segredo da vida orgânica*]e, notavelmente, o livro *O que é vida?* de Erwin Schrödinger (1944), o qual estamos celebrando neste volume, são exemplos característicos. O texto de Schrödinger marcou uma época, não porque tenha oferecido uma abordagem prática à compreensão do fenômeno da vida, mas por ter inspirado novas maneiras de pensar. Grande parte do pensamento profético de Schrödinger já foi resolvida pelos bioquímicos, mas ninguém até então havia investigado tão abertamente princípios básicos. Contudo, não foram os teóricos a iniciar a mudança de maré na biologia e estabelecer a nova ciência da biologia molecular. Esses permaneceram indefesos ante a complexidade dos seres vivos. Foram, isto sim, os físicos que desencadearam uma nova pesquisa de maneira radical, utilizando o conhecimento básico sobre a natureza química dos processos biológicos como trampolim. Temos o exemplo de Max Delbrück, um físico teórico da escola de Göttingen, que, inspirado pelo princípio de complementaridade de Niels Bohr, decidiu investigar os detalhes moleculares da hereditariedade. Essa foi a base da genética de fagos. E há também Linus Pauling, um físico da escola de Sommerfeld, que procurou entender em maior profundidade a natureza das proteínas, os executivos moleculares de uma célula. Nesse processo ele descobriu elementos estruturais essenciais, criando, figurativamente, uma costura entre a química e a biologia. Em destaque temos Francis Crick, um físico técnico que havia lidado com problemas de radar durante a guerra e que, juntamente com James Watson em 1953, reconstruiu a estrutura de dupla hélice do DNA a partir de dados de difração de raios X. Durante as investigações, e isto é o que torna a descoberta realmente importante, ele concluiu como a informação genética poderia ser armazenada e transferida de geração a geração. Em Cambridge temos também o exemplo de Max Perutz trabalhando no laboratório de Cavendish sob a chefia de Sir Lawrence Bragg, que aplicou o método de padrões de interferência de raios X a moléculas tão complexas como a hemoglobina, o corante dos glóbulos vermelhos, elucidando pela primeira vez, juntamente com John Kendrew, a organização detalhada de uma máquina biomolecular. Esse foi o nascimento da biologia molecular.

Atualmente temos uma ampla compreensão da organização celular do ponto de vista molecular, incluindo mecanismos detalhados dos processos subjacentes às funções celulares. Sabemos sobre perturbações e quebras de tais funções, expressas nos mais diversos arranjos de sintomas clínicos; a maneira como parasitas, na forma de bactérias, fungos e vírus, destroem o ciclo de vida de um organismo. De fato, somos capazes de regular esses processos celulares a ponto de alterar completamente sua programação genética. A indústria farmacêutica atual, mais voltada para a química, explora cada vez mais o detalhado conhecimento da biologia molecular e as oportunidades técnicas relacionadas. É essencialmente a pesquisa básica que abraçou de forma irrevogável a chamada tecnologia do DNA recombinante. O que saberíamos nós sobre as estruturas moleculares do sistema imune, ou sobre os oncogenes, ou sobre a AIDS, sem essa tecnologia?

Mas meu desejo não é bombardeá-los com uma lista quase alfabética de todos os pontos altos da biologia molecular, nem confrontá-los com uma lista de nomes daqueles que, desde Avery, Luria e Delbrück até Neher e Sackmann, ajudaram a criá-la com excelência. Tampouco quero mencionar mais especificamente a biologia da primeira metade deste século, a não ser dizendo que ela não foi apenas o epílogo dos grandes conceitos do século XIX, das idéias de Charles Darwin e Gregor Mendel, das inspirações de Louis Pasteur, Robert Koch, Emil von Behring e Paul Ehrlich. A primeira metade deste século essencialmente estabeleceu, por meio do trabalho de Otto Warburg, Otto Meyerhof, seus estudantes Hans Krebs e Fritz Lipmann e muitos outros, uma base química sobre a qual a biologia molecular da segunda metade do século pôde florescer. Prefiro enfocar as questões fundamentais da biologia. Poder respondê-las passou a ser possível através do conhecimento molecular abrangente compilado no século XX. Ao fazê-lo, estaremos cruzando o limiar que nos separa do século XXI e olharemos de relance para o futuro. Muitas das questões que podemos formular hoje serão respondidas de maneira satisfatória apenas no século vindouro.

O que é vida?

Esta não é apenas uma pergunta difícil; talvez nem seja mesmo a pergunta correta. As coisas que chamamos "vivas" possuem características e capacidades excessivamente heterogêneas para permitir que essa única definição nos dê a noção da variedade contida no termo. Entretanto, é precisamente essa abundância, variedade e complexidade que são uma das características essenciais da vida. Talvez não demore muito até sabermos tudo sobre a bactéria *Escherichia coli*, ou mesmo sobre a mosca da fruta *Drosophila*. Mas o que saberemos então sobre os seres humanos?

É então muito mais sensato perguntar: de que maneira um sistema vivo difere de um sistema não vivo? Quando e como essa transição ocorreu durante a história do nosso planeta ou mesmo do universo?

Como químico, muitos me perguntam: qual é a diferença entre um sistema químico acoplado, embora complexo de maneira arbitrária, e um ser vivo onde mais uma vez encontramos, essencialmente, uma abundância de reações químicas?. A resposta é que todas as reações químicas de um ser vivo seguem um programa controlado, operado por uma central de informação. A meta desse programa é a auto-replicação de todos os componentes do sistema, incluindo a duplicação do próprio programa ou mais precisamente do material que o contém. Cada reprodução pode estar associada a pequenas modificações do programa. O crescimento competitivo de todos os sistemas modificados permite uma avaliação seletiva da sua eficiência: "Ser ou não ser, eis a questão".

1 Auto-replicação – sem a qual a informação seria perdida após cada geração.

2 Mutação – sem a qual a informação é "inalterável" e portanto não pode sequer emergir.

3 Metabolismo – sem o qual o sistema regrediria para um estado de equilíbrio onde modificações ulteriores não são possíveis (como Erwin Schrödinger corretamente diagnosticou em 1944).

Um sistema que contém essas propriedades está predestinado à seleção. Quero dizer que seleção não é um mero componente adicional a ser ativado de fora para dentro. Não teria sentido perguntar quem faz a seleção. Seleção é uma forma inerente de auto-organização e como tal, como sabemos hoje, uma conseqüência física direta da auto-replicação longe do equilíbrio e sujeita a erros. Estar equilibrado selecionaria apenas as estruturas mais estáveis. A seleção – uma categoria alternativa incompatível com equilíbrio – escolheu em vez uma estrutura suficientemente estável e otimamente adaptada a certas funções, as quais asseguram a preservação e o crescimento do organismo. Evolução com base na seleção natural implica geração de informação.

Para poder fixar a informação do ponto de vista estrutural, classes definidas de símbolos são necessárias, como as letras de um alfabeto ou os símbolos binários do código de um computador. Além disso, precisamos das conexões entre os símbolos das palavras em formação e as regras de sintaxe que arranjam as palavras criando sentenças. Facilidades para ler as sentenças são também necessárias; por fim, informação é apenas aquilo que pode ser compreendido e avaliado. A capacidade de lidar com a informação na linguagem humana está acoplada a um sistema nervoso central.

Que forma isso assume no caso de moléculas? O armazenamento de informação nas moléculas está sujeito aos mesmos pré-requisitos necessários para que essa informação seja "legível" e sujeita a avaliação. Foi apenas com os ácidos nucléicos que as moléculas aprenderam a ler. Interações complementares, uma associação inerentemente específica entre dois pares combináveis das unidades formadoras dos ácidos nucléicos, são o fator subjacente à "capacidade de leitura" desses ácidos. Então, o alicerce do processamento da informação molecular é o pareamento de bases, como descoberto por Watson e Crick. Esta interação de início meramente química permite transcender a química, pois as unidades químicas agem essencialmente como símbolos de informação. A evolução, primeiro molecular, depois celular e a seguir dos organismos, foi apenas possível por meio da reprodução e da seleção. Ela não mais selecionou segundo critérios puramente químicos mas segundo a codificação funcional da informação. O homem difere da bactéria *E. coli* não devido a uma química mais eficiente, mas devido a um conteúdo de informação muito mais vasto (de fato, mil vezes maior que o de uma bactéria *coli*). Tal informação codifica funções sofisticadas e torna possível o comportamento complexo.

A criação de um sistema subcelular de processamento da informação ocorreu há 3,8 ± 0,5 bilhões de anos, segundo nossa reconstrução atual baseada em estudos comparativos sobre os adaptadores do código genético. Portanto, a vida provavelmente começou na terra e não em algum outro lugar do universo. Não é mais velha mas também não é muito mais nova que o nosso planeta. Isto significa que a vida surgiu tão logo as condições se tornaram favoráveis. Já existiam organismos unicelulares há 3,5 bilhões de anos. Evidentemente, o caminho para as verdadeiras obras de arte da evolução, as plantas multicelulares, os insetos, os peixes, as aves e os mamíferos foi longo e difícil. Levou 3 bilhões de anos. A humanidade entrou no palco desse magnífico drama há apenas 1 milhão de anos.

A biologia molecular confirmou a idéia fundamental de Darwin por meio da sua capacidade de revelar aquilo que os genomas dos seres vivos têm em comum. A informação, neste caso informação genética, se cria pela seleção sucessiva. Darwin propôs seu princípio para a evolução de seres vivos autônomos. A extrapolação para sistemas pré-celulares como meio de responder às perguntas "Como surgiram as primeiras formas de vida?"; "De onde surgiu a primeira célula autônoma?" pareceu-lhe um passo excessivamente ousado. Em certa ocasião ele expressou um "se" e imediatamente o qualificou como "oh, que enorme se!". A excitante descoberta atual é que a seleção age já no nível molecular, com moléculas replicáveis como o RNA e o DNA, e é portanto passível de derivação em virtude das propriedades físico-químicas das moléculas. Isto acaba com a cisão que colocava a biologia de um lado e a física e a química de outro. O que não significa que a biologia deva ser reduzida à física ou à química no sentido convencional. Simplesmente confirma que existe uma continuidade entre química, física e biologia. A física dos seres vivos tem suas próprias e características regularidades. É a física da produção da informação.

A nova teoria da auto-organização vai muito além de Darwin em detalhe e responde a perguntas que permaneceram sem resposta ou como paradoxos em seu tempo. A herança de Darwin é o testemunho do século XIX.

Ludwig Boltzmann disse uma vez (em 1886): "Se quiserem que eu responda com sinceridade se este vai ser o século do ferro, do vapor ou da eletricidade, devo dizer sem hesitação que será o século da captura dos mecanismos da natureza, o século de Darwin". Com certeza Boltzmann assumiu uma postura um tanto modesta ao pagar seu tributo a Darwin. Somente hoje fica claro que a redução dos fenômenos vivos a uma concepção mecânica da natureza é apenas um lado da história. As leis naturais subjacentes à seleção e à evolução derrubam qualquer visão meramente causal-mecânica da natureza e descrevem um mundo com um futuro aberto e interminável. Essa mudança de paradigma, talvez o único da ciência natural que mereça o título, não está limitada à biologia. Abrangeu toda a física nas últimas décadas e resolverá suas conseqüências ao longo de um período muito mais vasto. Enquanto aprendemos como foi gerada a informação, criamos uma ponte entre a natureza e a mente.

Como é gerada a informação (biológica)?

Desde a metade do século atual somos possuidores de uma teoria que leva o nome de teoria da informação. Entretanto, Claude Shannon, seu fundador, ressaltou desde o início que ela não lida com a informação em si mas com a sua transmissão. A informação como tal está excluída das considerações; é tratada como vem: uma seqüência de símbolos entre muitas alternativas, a ser mantida durante a transmissão independentemente do seu conteúdo ou valor semântico. A informação nesta teoria aparece apenas como uma medida de complexidade. Uma linha feita de dois símbolos, por exemplo 1 e 0, e de comprimento N, tem 2N seqüências alternativas possíveis. Mesmo para seqüências relativamente curtas com um comprimento N de cerca de 300 (ocupando um parágrafo, ou menos de meia página impressa), o número de parágrafos alternativos é maior que o número de átomos no universo. Somente uma teoria dinâmica da seleção pode levar em conta as diferenças entre seqüências com nexo e seqüências sem nexo, por meio de critérios que avaliam seu conteúdo semântico ou fenotípico. Para permitir uma otimização evolucionária do conteúdo, este precisa ser reproduzido com uma taxa de erro finita. De fato, existe um limiar de erro; imediatamente abaixo dele a evolução está otimizada mas acima dele a informação torna-se vítima de uma catástrofe Ela se evapora como material em transição de fase.

Aqui já emerge a mudança da visão darwinista do mundo. A seleção natural não é apenas a interação entre mutação ao acaso e seleção determinista e necessariamente consistente. Com um número tão grande de alternativas, os acertos de mutações vantajosas aconteceriam muito raramente. Hoje em dia essa interação entre acaso e necessidade pode ser facilmente simulada em um computador. Observa-se que um processo que avança de acordo com este plano progride com muita lentidão. Se a seleção natural tivesse funcionado segundo tal plano nós não existiríamos.

Na realidade, a evolução molecular próxima do limiar de erro inclui uma vasta gama de mutantes. O tipo mais bem adaptado, o tipo selvagem que tem um papel preponderante na teoria de Darwin, está presente apenas em pequeno número comparado com a população molecular total. Os numerosos mutantes encontram-se de fato agrupados ao redor do tipo mais bem adaptado, de maneira que a seqüência média de "consenso" representa a população total. Os biologistas moleculares aprenderam a determinar tais seqüências. Experimentos de clonagem revelaram que o tipo selvagem na verdade corresponde à média de um espectro de milhares de seqüências alternativas. Fundamentalmente, esta população compreende apenas os mutantes capazes de uma reprodução eficiente. Esse resultado teórico foi confirmado experimentalmente para populações virais. Como existem vários bilhões, ou mais, de cópias que sofreram menos mutações nessa distribuição molecular ou viral, a qual é totalmente estável abaixo do limiar de erro, é como se um dado fosse lançado em bilhões de canais paralelos. Se um mutante melhor adaptado é encontrado, a distribuição anterior não está mais abaixo do limiar de erro. Ela torna-se instável e seu conteúdo informativo vaporiza-se para condensar-se na proximidade de um novo tipo selvagem. Apesar da continuidade dos processos moleculares subjacentes, podemos ver que a evolução avança por meio de saltos discretos. A seleção é tão eficiente por ser uma propriedade da população total, representando uma enorme seqüência paralela de eventos. Se quiséssemos simular este processo precisaríamos de um novo tipo de computador paralelo. Realizar tal simulação em um computador em série implicaria custos de tempo e dinheiro inviáveis. A natureza nos demonstra que tipo de computador o futuro precisa adquirir. Nosso cérebro é um desses computadores, contendo muitos bilhões de células nervosas, e cada uma conectada com cerca de mil a 10 mil células vizinhas por meio de sinapses. Nosso sistema imune também é uma rede celular com essa ordem de complexidade.

No fim do século XX, estamos cientes de que questões análogas estão sendo formuladas em muitos ramos da biologia. Elas podem ser resumidas à pergunta "Como é gerada a informação?". Isto é válido para a evolução de moléculas, de células e também do processo de pensamento numa rede de células nervosas. Ainda mais empolgante é a apreciação de que a natureza aparentemente se utiliza de princípios fundamentais similares nas implementações técnicas da genética molecular, do sistema imune e do sistema nervoso. Os anos 90 foram considerados nos Estados Unidos a década da pesquisa sobre o cérebro. O legado da pesquisa biológica deste século será a compreensão profunda dos processos de criação da informação no mundo vivo. Talvez isto resulte na resposta à questão "O que é vida?".

Porém, o perigo está nos mecanismos. Muito em breve conheceremos os esquemas de construção de inúmeros seres vivos e saberemos como se chegou a eles durante a evolução. As raízes históricas, entretanto, ainda estão totalmente envoltas numa névoa. Os escolásticos uma vez se perguntaram o que veio antes – se a galinha ou o ovo, ou, em termos mais modernos, as proteínas ou os ácidos nucléicos, a função ou a informação. O mundo do RNA, portador da legislatura genética e um executivo funcional, talvez ofereça uma saída para este dilema. Devo admitir que não sabemos (ainda) como as primeiras moléculas de RNA "ingressaram no mundo". De uma perspectiva histórica, as proteínas deveriam ter aparecido "primeiro", mas a precedência histórica não é necessariamente idêntica à precedência causal. A organização evolucionária exige armazenamento de informação auto-replicável e nós apenas conhecemos os ácidos nucléicos como capazes de assumir tal papel. Portanto o RNA, ou um precursor, teria sido necessário para colocar o carrossel da evolução em movimento.

Encontramo-nos agora na posição de observar, em experimentos de laboratório, o processo de geração de informação em sistemas que contêm ambos os componentes: proteínas (como enzimas) e ácidos nucléicos (como armazéns de informação). Os vírus são sistemas-modelo inigualáveis. Entretanto, os vírus não podem ter se formado no mundo pré-biótico. Eles precisam de uma célula hospedeira para sobreviver e evoluíram com sua ajuda, provavelmente fazendo-o apenas no período pós-biótico. E, no entanto, existe uma forte analogia com o RNA do tipo viral em um ambiente semelhante a um hospedeiro.

A intensificação do conhecimento sobre o processo de geração de informação que alcançamos nos últimos 20 anos já está começando a dar frutos. Utilizando métodos laboratoriais, seremos capazes de produzir novos tipos de remédios e drogas naturais. Essas habilidades não se restringem ao nível molecular. Do mesmo modo, iremos compreender o nível ontogênico dos seres vivos e seremos capazes de, por exemplo, intervir na eliminação de tumores causando sua degeneração. Iremos aprender como conhecer e modelar nosso sistema nervoso e seu modo de operação. A vida artificial e os computadores pensantes não serão mais relegados ao mundo da ficção científica. É quase impossível avaliar o impacto que tudo isso terá nas nossas vidas.

Mas haverá limites, tanto naturais como normativos. Teremos de determinar quais partes do nosso conhecimento devemos aplicar, quais partes teremos de aplicar apesar da consciência de possíveis efeitos colaterais, e quais aspectos devemos deixar de lado, muito menos aplicá-los. Uma onda cega de aplicações é tão perigosa quanto a proibição severa. Nós, a comunidade humana, temos de descobrir racionalmente o que poderia ou não ser feito, o que deve ou não ser feito. Precisamente neste contexto vejo o maior problema não resolvido que nos deixará ocupados no próximo século.

Que problemas permanecem não resolvidos no fim deste século?

Algumas questões foram levantadas nos parágrafos anteriores; mas mesmo que eu fizesse uma lista contendo apenas aquelas definíveis com precisão, a lista seria desconfortavelmente comprida. Assim, posso apenas proceder com exemplos e escolhi duas questões centrais da minha própria área de pesquisa: um problema científico de grande impacto na sociedade e um segundo problema onde a sociedade gera o grande impacto sobre a ciência.

A AIDS é um problema ainda não resolvido, apesar da mais intensa pesquisa científica. O que é a AIDS? A palavra é um acrônimo de "Acquired Immunodeficiency Syndrome" (Síndrome da Imunodeficiência Adquirida). A doença inicia-se com um vírus, ou, colocado de uma maneira mais cautelosa, está causalmente ligada a uma infecção viral. A questão de o vírus ser ou não necessário e suficiente para a deflagração dos sintomas da doença é hoje muito debatida. Há dois subtipos conhecidos do vírus da imunodeficiência humana: HIV-1 e HIV-2. Além desses, um grande número de vírus de macaco tem sido isolado; e, embora não demonstrem ser patogênicos nos seus hospedeiros naturais, esses vírus o são ao serem transmitidos para outras populações de macacos. O Centro de Controle de Doenças dos Estados Unidos estabeleceu que há, em média, um intervalo de 10 anos entre a infecção viral e o aparecimento dos sintomas da doença. Mais precisamente, observamos que após 10 anos cerca de 50% dos indivíduos infectados mostram sintomas da doença e uma rápida e total paralisia do sistema imune. Portanto, a doença AIDS sempre resulta em morte devida, basicamente, à infecção causada por um patógeno que normalmente seria controlado pelo sistema imune. Muitos pacientes morrem de pneumonia causada por uma bactéria (*Mycobacterium tuberculosis*) que detectamos em estado latente, virtualmente a cada dois indivíduos. Durante o período assintomático, o vírus da AIDS existe como população muito pequena no organismo hospedeiro. Este, por sua vez, produz anticorpos em grandes quantidades, os quais auxiliam na detecção do vírus em testes de diagnóstico da doença. Nos Estados Unidos, o número de casos registrados de AIDS já passou dos 100 mil. Em termos mundiais, o número de pessoas infectadas com o vírus da AIDS é estimado em aproximadamente 10 milhões, com uma concentração de casos na África Central e Ocidental e no sudeste Asiático. Nenhuma terapia durável é conhecida.

De onde vem a AIDS? Qual a idade do vírus? Quando ele apareceu pela primeira vez numa população humana? As hipóteses mais mirabolantes têm sido ventiladas para responder a essas perguntas. A última foi a alegação de que o vírus foi "fabricado" em um laboratório do exército dos Estados Unidos e escapou por acidente para a ecosfera. Isso é um total absurdo! A análise seqüencial dos genes deste vírus resolve sua história evolucionária, ou pelo menos a restringe quantitativamente. E os resultados são os seguintes:

- Os subtipos humanos HIV-1 e HIV-2, juntamente com os vírus de macaco atualmente conhecidos, têm um ancestral comum que pode ser datado em cerca de 1.000 anos.
- Todas as seqüências dos vírus HIV e SIV (vírus da imunodeficiência símia) apresentam posições pareáveis (cerca de 20%) de nítida homologia com seqüências de retrovírus de mamíferos. O patógeno da AIDS é portanto a progênie de uma antiga família de vírus cuja origem remonta a milhões de anos.
- A maioria das posições variáveis tem um tempo médio de substituição de aproximadamente 1.000 anos. O comportamento especial do retrovírus, principalmente sua patogenicidade, pode mudar de maneira radical nesse intervalo de tempo. Portanto, pragas como a AIDS podem ir e vir. Elas poderão ser mais patogênicas para algumas espécies e menos para outras.
- Uma pequena porção das posições do genoma viral (cerca de 10%) é hipervariável, com um tempo médio de substituição de aproximadamente 30 anos. Essas posições são, no entanto, suficientes para gerar um enorme número de combinações de mutantes distintos. Entre estes, mutantes evasivos não suprimidos pelo sistema imune são repetidamente encontrados. No final isso esgota o sistema e é provavelmente a principal causa da patogenicidade do vírus.
- O vírus da AIDS certamente não apareceu nos Estados Unidos, Europa ou Japão antes dos anos 60. Na África, a presença de formas relacionadas remonta ao século passado. Ao longo dos últimos 100 anos,

transmissões horizontais entre macacos e o homem têm ocorrido. O foco do subtipo HIV-1 é a África Central e o do HIV-2 a África Ocidental. Estes subtipos, como a maioria das espécies de vírus macaco-específicos, separaram-se há centenas de anos.

A alta patogenicidade do vírus da AIDS tem três causas:

1 Sendo o HIV um retrovírus, seu genoma é integrado ao programa genético da célula hospedeira após a infecção. Uma vez infectada, a célula não consegue mais livrar-se da informação viral. No máximo ela consegue inibir sua expressão.

2 O alvo do vírus é o sistema imune, cujo controle ele acaba paralisando.

3 Devido à sua alta taxa de mutação, que, a propósito, encontra-se bem no limiar de erro, o vírus consiste de uma gama de mutantes amplamente distribuídos e que contêm um grande número de mutantes evasivos.

O vírus evolui sem descanso sob a pressão seletiva do sistema imune do hospedeiro. O indivíduo infectado torna-se eventualmente vulnerável a parasitas normalmente inócuos.

A dificuldade de combater este vírus reside no seu grande potencial adaptativo. Ele consegue driblar os mecanismos de defesa do hospedeiro com a ajuda de mutantes "secundários". Como agora conhecemos a estratégia viral, existe a perspectiva de encontrarmos uma estratégia antiviral capaz de lidar com o comportamento "mutante secundário", eliminando as chances de sobrevivência do vírus. Para procurar tal estratégia precisamos não apenas da tecnologia genética mas também de experimentos em modelos animais. Qualquer que seja nossa posição quanto a isso, a realidade são 10 milhões de indivíduos infectados com o vírus HIV, dos quais a maioria irá desenvolver os sintomas da AIDS na virada do século. Quase nenhum irá sobreviver – a não ser que encontremos uma terapia eficaz.

Meu segundo problema apresenta exatamente a polaridade inversa, direcionada da sociedade para a ciência. Há já vários anos foi implementada na Alemanha uma lei sobre o gene. É de fato a lei mais severa do mundo inteiro. Ela tem começado a frear a pesquisa e o desenvolvimento industrial. Por outro lado, devemos dar crédito ao fato de não terem acontecido desgraças ou acidentes graves no mundo. Propostas mais recentes vão ao extremo de exigir uma prova da total segurança de um procedimento. Mas o que é "absolutamente seguro"? Mesmo agora, antes de qualquer aplicação de um procedimento, todo teste concebível é realizado e um longo período probatório é respeitado. Atualmente surgiu a exigência de excluirmos coisas que ainda não são compreendidas. Isto levaria a pesquisa a uma parada total e, conseqüentemente, tornaria impossível o desenvolvimento de novos medicamentos. (As proposições sobre a proteção de animais também estão indo nessa direção.) Vou agora citar um exemplo. Antes do início dos anos 60 a paralisia espinhal infantil, a poliomielite, era uma terrível praga em nossas latitudes. Manifestava-se tanto em casos isolados como em epidemias mundiais, criando muitas vítimas e deficientes permanentes. Somente em 1950, 30 mil casos foram registrados nos Estados Unidos. Hoje em dia esses casos desapareceram quase totalmente graças a um rigoroso programa de vacinação profilática. Apenas em países em desenvolvimento a poliomielite ainda representa um problema sério, e mesmo assim devido a um programa de inoculação inadequado. O patógeno neste caso é um picornavírus. Existem atualmente duas vacinas, uma mistura do vírus morto (a vacina Salk) e a chamada vacina do vírus "atenuado" (vacina Sabin), a qual consiste de um mutante do vírus selvagem que não é patogênico mas é capaz de induzir uma reação imune mais forte que a desencadeada pelo vírus morto. É principalmente graças a esta vacina aplicável por via oral, de fácil manejo e alta eficácia, que o vírus pôde ser quase completamente erradicado no mundo ocidental. Episódios da doença, porém de gravidade reduzida, são ocasionalmente observados.

Tudo bem até aqui. Muito inesperada foi a elucidação, há alguns anos, da seqüência de RNA de uma das vacinas Sabin (tipo B). Ela mostrou tratar-se de um mutante do tipo selvagem gerado por mutação em dois pontos. Tal mutante pode reverter para o tipo selvagem em 48 horas. Ao que parece, este período de tempo é suficiente para provocar uma resposta eficiente do sistema imune. Na medida em que mutações são eventos ao acaso, uma ocasional mutação reversa mais rápida é concebível, o que poderia explicar os episódios isolados da doença. No caso da AIDS uma vacinação deste tipo certamente levaria a uma desastrosa epidemia.

Qual a diferença entre o vírus da pólio e o da AIDS? O genoma de ambos consiste de uma única molécula de RNA. As respectivas taxas de mutação são consideradas parecidas em magnitude. Com a ajuda de um novo método de análise comparativa de seqüências, chamado geometria estatística, descobrimos que existe uma vasta heterogeneidade na fixação de mutações em diferentes posições de códons do gene codificador das proteínas de superfície virais. Cada unidade de construção de uma proteína é determinada por um códon que contém três posições. As duas primeiras determinam o tipo específico de aminoácido a ser incorporado durante a tradução, enquanto trocas na última posição geram principalmente aminoácidos sinônimos, isto é, elas não têm efeito sobre a seqüência de aminoácidos da proteína traduzida. No caso do vírus da AIDS as três posições do códon são substituídas com taxas altas de mutação que são semelhantes, criando assim uma ampla gama de diferentes moléculas protéicas (algumas das quais evadem o sistema imune). Já no caso do vírus da pólio, praticamente as únicas mutações fixadas são as da terceira posição do códon. Elas são tão numerosas que há quase uma substituição total, enquanto a primeira e segunda posições permanecem via de regra inalteráveis em todos os mutantes. Isto significa que as proteínas na superfície do vírus da pólio mudam muito pouco. Não existem portanto mutantes evasivos neste caso. O sistema imune pode então "posicionar-se e dar duro", isto é, desenvolver uma resposta de defesa eficaz em um curto espaço de tempo.

Mas vamos agora à moral da história: se tivéssemos sabido que o vírus atenuado era um parente tão próximo do tipo selvagem, certamente o uso da vacina Sabin teria sofrido grandes restrições. Segundo a visão atual isso não poderia acontecer, na medida em que se tornou comum produzirmos esse tipo de mutantes por mutagênese direta, ou seja, através da engenharia genética. Estaríamos agora "circulando um agente patogênico geneticamente manipulado". De qualquer forma, nosso estado atual de conhecimento não excluiria um risco que é na verdade real, demonstrado pela incidência ocasional da doença após a vacinação oral. Nada disto era sabido quando a vacina Sabin foi introduzida. Procedeu-se, de forma legal, ao teste empírico do vírus atenuado.

Entretanto, um mutante gerado pela engenharia genética não difere de um mutante natural. No primeiro caso estamos manipulando e sabemos o que fazemos. No segundo caso a Natureza é quem manipula mas nós não sabemos qual será o resultado e podemos apenas testar empiricamente o que vai acontecer. Um método é tachado de mau, o outro é aceito como natural, embora seja sempre mais fácil controlar um risco por ações conscientes do que por manipulações inconscientes. Lendo o texto da lei alemã do gene, deparamo-nos repetidamente com esse tipo de absurdo; deseja-se excluir em 100% qualquer possibilidade de risco enquanto se aceitam outros imponderáveis sem considerações. Por exemplo, o trabalho de pesquisa que poderia um dia repelir um perigo é totalmente suprimido. No caso da pólio, teríamos com certeza evitado o caminho nada isento de riscos da manipulação genética; isso teria significado de fato a morte de muitas crianças. A vacina Sabin salvou essas vidas porque confiamos cegamente na natureza e aceitamos inconscientemente os riscos inerentes.

Neste contexto, uma pergunta deve ser feita: o quanto deveria ceder a maioria indiferente da sociedade aos argumentos ideológicos de uma minoria emocionalmente motivada contra o conselho de especialistas?. O que significa, em última instância, liberdade de pesquisa segundo garantido pela Constituição alemã? Não quero interpretar liberdade como a falta total de restrições. Não podemos pôr em prática tudo o que sabemos nem devemos fazer tudo que somos capazes. Que outra maneira existe de tomar decisões senão racionalmente? No caso de Hiroshima não houve suficiente juízo político e militar, e no caso de Chernobil houve um parco senso técnico. O conhecimento não pode ser "velado", precisamos aprender a conviver com ele. Para tal, é preciso ter uma estrutura legal sensata de impacto internacional. Mais do que tudo, temos o dever ético de utilizar todo o conhecimento alcançado pelo bem da humanidade, seja para reduzir o sofrimento de indivíduos, seja para assegurar a saúde e a alimentação da população mundial. Volto ao cenário do futuro da humanidade que descrevi na minha introdução. Uma proteção ambientalmente justa da produção de alimento destinado a uma população mundial de multibilhões; um sistema sanitário e de saúde pública adequado para tamanha "massa de indivíduos": estas são coisas possíveis hoje apenas se utilizarmos todo o conhecimento conquistado. Isso inclui toda uma leva de novos seres geneticamente manipulados a fim de gerar alimento, assim como também o uso da tecnologia nuclear para gerar eletricidade.

O futuro: o objeto de estudo da humanidade é o próprio homem

Vivemos em uma sociedade que se esquiva do risco. Chegará um momento em que, por esta razão, ela fechará as portas para a ciência e especialmente para a pesquisa básica. Mesmo agora não me surpreenderia ver um adesivo no vidro de trás de um carro com o dizer: "Pesquisa básica – não, muito obrigado!", enquanto um gás cinza azulado emana do seu escapamento. O que alguns membros do movimento de proteção aos animais estão fazendo pode ser no mínimo rebaixado a esse nível. Os oponentes da energia nuclear estão felizes com a eletricidade que flui das tomadas de suas casas. Não podemos fazer nada útil sem, simultaneamente, assumir riscos. Deixar de fazer qualquer coisa pode ser muito mais prejudicial a longo prazo. Precisamos aprender a pesar as probabilidades, e lemas como os do adesivo do carro não ajudam muito nesse sentido.

Quando falo sobre o futuro da pesquisa biológica, o importante vai ser discutir os crescentes problemas da avaliação de riscos, da responsabilidade e da conduta ética. Porque o principal objeto de estudo da pesquisa biológica é o homem e seu ambiente, este "seu" significando relativo ao homem. Conseqüentemente, os resultados da pesquisa são relevantes para todo mundo.

Não quero tentar fazer previsões gerais do século que está por começar e muito menos do próximo milênio. Segundo Friedrich Dürrenmatt, os problemas são totalmente resolvidos apenas quando imaginamos os piores resultados possíveis. Os futurologistas, é claro, são capazes de descrever apenas as possibilidades mais promissoras.

Poderemos explorar a natureza genética do homem mais do que nunca sonhamos, porque existirão máquinas capazes de ler os 3 bilhões de letras da herança humana em 1 mês. Isto permitirá, em particular, a realização de estudos comparativos. Da mesma forma, poderemos determinar a seqüência genética de muitas outras formas de vida para então sermos capazes de desvendar a nossa própria origem evolucionária. Poderemos sondar o cérebro humano e construir computadores que de longe superam o cérebro em muitas tarefas. Não acredito que algum dia teremos nas mãos um computador que sequer se aproxime do cérebro humano em todas as suas capacidades, mas um cérebro e computador conectados mostrarão habilidades "super-humanas". Não poderemos cristalizar um homúnculo, mas robôs serão investidos de poderes até agora encontrados somente no reino biológico. Chamar a isto de "vida artificial" é apenas uma questão de gosto. Poderemos curar o câncer, porque estamos descobrindo um número cada vez maior de suas causas. Além disso, quanto às doenças cardíacas, seremos capazes de fazer diagnósticos precoces, permitindo que a intervenção médica se realize a tempo. Porém, no fim, será irrelevante de que doença vamos morrer, porque acredito que futuramente a nossa idade mal excederá os 100 anos. Não precisamos realmente nos perguntar se as cidades de amanhã estarão ou não sob uma cúpula de vidro e terão uma atmosfera artificial. Mas hoje deveríamos, com certeza, nos preocupar com o seguinte: onde vamos conseguir toda a energia eventualmente necessária para manter uma economia de reciclagem? Manter o ar e a água limpos é uma tarefa limitada pela alta produção de entropia. Uma precaução oportuna para o futuro é essencial aqui. Evidentemente, existirão muitas descobertas e invenções que neste momento desafiam a nossa imaginação. É exatamente por essa razão que qualquer previsão detalhada sobre o futuro será incorreta. Estamos na mesma posição em que Carlos Magno se encontraria se os seus contemporâneos tivessem feito perguntas sobre o mundo no século XX.

Apesar disso, um prognóstico é razoavelmente certo: se a humanidade se encaminha para o melhor ou para o pior vai depender do homem finalmente aprender o que ele não conseguiu aprender nos cinco milênios da sua história cultural, ou seja, agir racionalmente e sensatamente no interesse da humanidade e elaborar normas de conduta bem definidas. Tais normas são análogas a um programa genético e precisam ser estabelecidas valendo para todos nós.

O homem se encontra no mais alto degrau da escada da evolução. Digo isto não porque não consiga imaginar outra criatura mais perfeita mas porque, com o homem, a evolução atingiu uma nova plataforma fora do alcance de qualquer outro organismo, de onde a evolução precisa continuar de maneira radicalmente nova. Operando com base na seleção, a evolução exige a contínua reprodução, sujeita a mutagênese, da informação fixada nos nossos genes como tipos de impressão. Novas vias de comunicação entre células surgiram com a formação de estruturas e redes celulares. Estas foram inicialmente mediadas por sinais químicos interceptados por receptores específicos e finalmente por sinais elétricos recebidos por sinapses e passados para a próxima célula. Desta forma, um comportamento geral correlato de um sistema celular diferenciado pôde se desenvolver, pré-programado no genoma apenas no seu leiaute. É a seleção que assegura que o leiaute opere a favor do organismo como um todo. Isto é incompatível com células individuais ou órgãos funcionando uns contra os outros. Tal antagonismo somente pode assumir a forma de degenerações patológicas como o câncer. No sistema nervoso central, a comunicação intercelular deu origem a uma linguagem interna que controla nossos comportamentos, emoções, disposições e sentimentos. Até mesmo esta habilidade tornou-se geneticamente ancorada e tem sido selecionada para não agir contra a espécie. É desta maneira que o homem surgiu durante a evolução; esse comportamento geneticamente programado, individualista e espécie-específico é inerentemente egoísta, baseado na competição e auto-afirmação. Em casos onde aparece como altruísta ele acaba sendo, a longo prazo, vantajoso para a espécie ou clã, o que, por sua vez, é de alguma forma vantajoso para o indivíduo.

Foi dessa forma que o homem desenvolveu uma faculdade específica, diferente da de outros primatas, que lhe permite alcançar a formalização da linguagem interna codificada primeiramente nas descargas das células nervosas. Essa formalização não apenas facilita a comunicação entre membros de uma espécie mas também é a base da nossa capacidade de pensar, de registrar resultados para benefício da humanidade e legá-los às gerações seguintes por escrito. Isto implica um novo plano de transferência de informação, parecido com o plano original da informação genética que deu uma qualidade totalmente nova à química. No plano da mente humana, uma nova forma de evolução pode acontecer: a evolução cultural da humanidade.

Entretanto, aqui reside o problema-chave. A humanidade não é algo como um organismo multicelular onde cada célula leva sua vida individual mas assumiu um compromisso, por meio da legislatura genética, para o bem da coletividade celular. A informação cultural não é herdada pelo indivíduo, assim como tampouco é o comportamento socialmente aceitável. Apesar da evolução cultural da humanidade, que vem durando milhares de anos, as pessoas ainda fazem guerras e não menos cruéis que as do passado. Iludimo-nos ao pensar que o comportamento socialmente aceitável é algo natural e que o comportamento anti-social, ao contrário, é algo patológico. O socialmente aceitável é a norma apenas no sentido original da palavra em Latim, *norma*, que significa regra ou regulamento.

Estamos enfrentando um verdadeiro dilema, porque as tentativas anteriores de submeter a liberdade individual a imposições, rebaixando o indivíduo para um *status* semelhante ao de uma célula sem vontade dentro de um todo orgânico sob controle central, têm apenas prejudicado a humanidade a longo prazo e até resultaram na aniquilação de partes da coletividade humana. Esses experimentos falharam em parte porque o novo organismo não era a humanidade inteira mas apenas um certo grupo, representante de interesses específicos que freqüentemente violaram os direitos humanos básicos. Em parte falharam porque as "células líderes", as "células-cérebro" desse grande organismo eram na maioria indivíduos incapacitados, auto-obcecados ou egoístas, essencialmente interessados em exercer o poder. O resultado foi um sofrimento incomparável.

Ideologias não podem substituir a razão. Todos os grupos políticos que defendem a disciplina partidária deveriam dar-se conta disso. Eles, é claro, defendem ideais que têm um fundamento válido, chamem-se socialistas – quem não apoiaria uma consciência social? – ou partidos verdes – quem não gostaria de manter o ambiente saudável? – ou cristãos – quem desejaria um mundo sem compaixão ou caridade? Isto se aplica igualmente a todos aqueles que querem colocar a liberdade individual acima de tudo. Cada um desses motivos, elevado ao pedestal de doutrina, vai contra nosso bom senso, que, a propósito, envolve não apenas nosso intelecto mas também nosso sistema límbico, nossos sentimentos e emoções. Mesmo no futuro, não poderemos de maneira alguma delegar nossas decisões a um computador

Um olhar de relance para o estado atual do mundo provavelmente nos deixará pessimistas. A primeira metade deste século confrontou-se com duas guerras terríveis. E que lição aprendemos? Nada irá mudar se não basearmos nossas decisões na razão, aceitando a humanidade como um imperativo moral. O futuro da humanidade não será decidido no nível genético. Precisamos de um sistema ético de ligação entre todas as pessoas. É aqui que a evolução, uma evolução do indivíduo para a humanidade, aguarda sua consumação.

3

"O QUE É VIDA?" COMO UM PROBLEMA HISTÓRICO

STEPHEN JAY GOULD[1]

"O que é vida?" como um manifesto modernista

Definir o óbvio pode ser terrivelmente difícil – como bem exemplificou Louis Armstrong quando, encontrando um fã incondicional que ingenuamente pediu-lhe para definir o jazz respondeu com a famosa frase: "Amigo, se você precisa perguntar é porque nunca vai saber". É igualmente inegável que o livro *O que é vida?* de Erwin Schrödinger faz parte das obras mais importantes da biologia do século XX, mas as razões da sua grande influência parecem estranhamente fugir do nosso alcance. A brevidade pode ser a alma do saber (como o velho e loquaz Polonius nos disse), e trabalhos concisos são raras bênçãos em uma profissão que com freqüência julga o mérito segundo a prolixidade. Mas *O que é vida?*, nas suas noventa folhas, parece ser um livro um tanto elíptico e econômico em palavras para ter esse peso intelectual (embora, em um sentido estritamente prático, a brevidade possa definir as diferenças fundamentais entre o interesse e o esqueci-

1 Museum of Comparative Zoology, Harward University, 26 Oxford Street, Cambridge, MA 02138, USA.

mento em um campo dominado mais por escritores do que por leitores). Por exemplo, acho que podemos sentir-nos confiantes quanto à resposta correta, e se necessário conjectural, para a antiga charada histórica do tipo "E se...": que diferença faria para a história da ciência se Wallace nunca tivesse nascido e Darwin tivesse tido o tempo livre de escrever uma obra de muitos volumes, como intencionava, em vez do apressado "resumo" conhecido por *A origem das espécies*? A resposta – na medida em que o mundo intelectual estava claramente preparado para aceitar a evolução – deve ser: absolutamente nenhuma diferença, exceto que Darwin teria tido o mesmo impacto com um número muito, muito menor de leitores. E mais, grande parte da base intelectual de *O que é vida?*– as idéias iniciais de Delbrück sobre as causas da estabilidade do gene – resultou ser bastante incorreta (ver Crow, 1992, p.238). Neste caso, por que estamos celebrando, muito justamente, este semicentenário?

Em primeiro lugar, é impossível negar a importância germinal do testemunho de muitos dos fundadores da biologia molecular moderna. Jim Watson considerou o livro de Schrödinger a influência decisiva que o persuadiu a estudar a estrutura do gene (ver Judson, 1979). Francis Crick atribuiu-lhe impacto semelhante, mas com a mesma perplexidade que muitos outros demonstraram: "É um livro escrito por um físico que não sabe química. Mas... sugeriu que os problemas biológicos poderiam ser pensados em termos da física e portanto deu a impressão de que coisas empolgantes nessa área não estavam muito longe de acontecer" (citado em Judson, 1979, p.109). (Sobre a questão da perplexidade, pensem no recente comentário de Jim Crow (1992, p.328): "Assim como Gunter Stent, também não sei por que o livro teve tanto impacto, só sei que me impressionou muito na época").

Crow em seguida nos dá um excelente resumo do livro quanto às suas principais alegações e *insights* – a segunda razão de sua influência:

> Talvez tenha sido a caracterização que Schrödinger fez do gene como um "cristal aperiódico". Ou talvez a sua visão do cromossomo como uma mensagem escrita em código. Talvez tenha sido sua frase de que a vida "se alimenta de entropia negativa". Ou sua noção de que a indeterminação quântica no nível do gene é transformada em indeterminação molar pela multiplicação celular. Talvez tenha sido sua ênfase na estabilidade e habilidade do gene de perpetuar a ordem. Ou talvez a crença de que as muito óbvias dificuldades de interpretar a vida segundo princípios físicos não implica que precisamos de uma lei suprafísica, embora algumas novas leis possam ser necessárias nesse campo.

Não gostaria de prejudicar esta oportuna celebração negando de qualquer forma a importância de *O que é vida?*, mas quero sugerir que a alegação-chave de Schrödinger, de uma universalidade quase autoevidente na sua abordagem da biologia, é excessiva, do ponto de vista lógico, e socialmente condicionada, um produto da sua época. E vou além, dizendo que estas características limitantes podem nos ajudar a compreender por que uma grande parcela dos biólogos, incluindo meus companheiros de paleontologia e estudos evolucionários, tem sido menos influenciada, menos impressionada pelos argumentos de Schrödinger e continua convencida de que a resposta a "o que é vida?" exige que voltemos nossa atenção para mais coisas na terra do que são sonhadas na filosofia do nosso homenageado.

Schrödinger (1944, p.vii) começa seu prefácio identificando a unificação com o inquestionável sonho e meta da ciência:

> Herdamos dos nossos antepassados o grande desejo pelo conhecimento unificado, abrangente. O próprio nome dado às mais importantes intituições de ensino nos lembra que desde a antigüidade e ao longo de muitos séculos o aspecto universal tem sido o único a ser completamente valorizado ... Percebemos com clareza que somente agora estamos adquirindo o material confiável para poder soldar as várias partes do conhecimento em um todo.

Schrödinger apresenta a sua meta da unificação como o anseio inquestionável e quase logicamente necessário de todo cientista em qualquer época. A verdade é bem o contrário. A unificação foi um propósito categórico de um movimento explícito enraizado nas circunstâncias sociais da juventude de Schrödinger: as esperanças de uma universalidade racional logo após a matança nacionalista da Primeira Guerra Mundial. Ao captarmos que esta crença fundamental na unificação é uma contingência social entenderemos por que a resposta de Schrödinger à questão "o que é vida?" não possui um *status* geral e deve ser considerada o produto transitório de uma fase da história do século XX.

O autoproclamado "movimento pela unidade da ciência" surgiu como a faceta principal do positivismo lógico, desenvolvido pela escola de filósofos de Viena durante os anos 20. Relacionado principalmente com Rudolf Carnap e Otto Neurath, ambos membros de destaque do *Wiener Kreis* (Círculo de Viena), este movimento sustentou que todas as ciências compartilham as mesmas leis, métodos e linguagem, e que não existem diferenças fundamentais entre as ciências da física e as biológicas, ou (na verdade) entre as ciências naturais e as ciências sociais devidamente constituídas.

O movimento pela unidade da ciência teve grande influência sobre a biologia, uma área que muitos antes consideraram excessivamente idiossincrática ou descritiva para poder ser englobada na teoria científica geral (ver Smocovitis, 1992, a respeito do papel desta doutrina na síntese evolucionária dos anos 30 e 40). Schrödinger ocupou uma posição ideal para transpor as metas do movimento à biologia. Ele nasceu e cresceu em Viena e matriculou-se na Universidade de Viena. Ganhou o prêmio Nobel de Física – a ciência "central" ou "de mais alto nível", ao redor da qual todas as outras se agrupariam dentro da visão essencialmente reducionista do movimento pela unidade científica e do positivismo lógico em geral. Como Schrödinger poderia deixar de ancorar seu livro na busca pela unificação baseada nas leis da física?

Se a convicção de Schrödinger na unificação reducionista emergiu do movimento pela unidade da ciência, este, e suas bases filosóficas, estava entranhado em forças culturais ainda mais abrangentes e a seguir denominadas "o modernismo", que marcou tão profundamente esferas como a arte, a literatura e a arquitetura. O modernismo procurou, acima de tudo, a redução, a simplificação, a abstração e a universalidade. Nas mãos de um mestre como o arquiteto Mies van der Rohe, as construções modernistas (do "estilo internacional", assim chamadas pela sua meta de universalidade) podem ser elegantes e imponentes, mas os milhares de derivados de produção inferior que atualmente mostram suas rachaduras e se desintegram por todo o planeta são hoje a praga das cidades do Terceiro Mundo e a antítese do verdadeiro regionalismo e orgulho local.

Em geral, *O que é vida?* tem sido visto como um depoimento atemporal sobre a imutável lógica da ciência. Eu sugiro uma leitura oposta, ou seja, um documento social que reflete os objetivos do "movimento pela unidade da ciência"; uma manifestação da perspectiva mais abrangente denominada modernismo. Sendo assim, as falhas e qualidades do livro de Schrödinger estão ligadas aos fracassos e sucessos do modernismo em geral. Posso aprovar grande parte do espírito modernista, especialmente seu otimismo e compromisso com a inteligibilidade mútua baseado na unidade de princípios. Mas também lamento sua ênfase na padronização em um mundo tão belo em sua diversidade; e não aceito o reducionismo subjacente à procura de leis gerais de abstração máxima.

Na nossa geração, essas amplamente reconhecidas falhas sociais do modernismo (particularmente a tendência a outorgar a hegemonia a um modismo em detrimento de outros competidores legítimos) gerou um contramovimento chamado (com certa falta de imaginação) de "pós-modernismo". E embora eu considere que muito da produção pós-modernista é uma tristeza (desde as inconseqüências arquitetônicas à falta de clareza na literatura), embora os "avanços" pós-modernistas devam ser considerados não como verdades mais elevadas, porém marcas sociais dos nossos tempos (assim como o modernismo foi o reflexo de décadas anteriores), também considero extremamente valiosa a rejeição pós-modernista da característica busca do modernismo por soluções únicas e abstratas. E particularmente apóio a ênfase pós-modernista no aspecto lúdico e no pluralismo, o fato de ela defender a incontestável importância dos detalhes locais e sua convicção de que, embora a verdade possa ser unitária (muitos pós-modernos negariam esta alegação, mas não faço parte dessas tendências ao niilismo), nossas perspectivas sobre a verdade podem ser tão multiplamente válidas quanto nossas visões socialmente condicionadas. Um pós-moderno mal poderia atribuir uma resposta unitária à questão "o que é vida?" – particularmente uma resposta, como a de Schrödinger, enraizada no cerne modernista da redução às partículas constituintes básicas.

Em resumo, admiro a maior parte do livro de Schrödinger mas considero que suas falhas são expressões de problemas gerais da filosofia modernista que permeia seu trabalho. Como biólogo evolucionista dedicado ao estudo dos organismos inteiros e suas histórias, não considero a resposta de Schrödinger incorreta mas apenas aflitivamente parcial e mal tocando alguns dos tópicos mais profundos da minha área.

Dificilmente poderíamos propor uma forma de reducionismo mais agradável ou conciliatória do que o argumento que Schrödinger apresenta como ponto central de *O que é vida?* – porque ele não ultrapassa a pretensiosa e antiga alegação newtoniana de que seres biológicos "são meros objetos físicos de grande complexidade e portanto redutíveis, em última instância, a conceitos convencionais desenvolvidos pela rainha das ciências". Schrödinger admite que objetos biológicos são diferentes e únicos. Eles precisam eventualmente ser explicados por princípios da física mas não necessariamente os já conhecidos. Portanto, a biologia será tão útil para a física (na medida em que levará à descoberta destas novas leis) quanto a física para a biologia, porque ela finalmente fornecerá uma explicação unificada para todas as matérias:

> O quadro geral de Delbrück sobre o material hereditário dá origem à noção de que a matéria viva, embora não fuja às "leis da física", provavelmente irá envolver "outras leis da física" até agora desconhecidas que, no entanto, uma vez reveladas, farão parte integral desta ciência tanto quanto as anteriores. (Schrödinger, 1944, p.69)

Schrödinger tenta então deduzir a natureza do material hereditário pela sua impossibilidade de funcionar segundo as leis válidas para as menores partículas da matéria inanimada:

> Com tudo o que aprendemos sobre a estrutura da matéria viva, temos que estar prontos para descobrir que ela opera de uma forma não redutível às leis comuns da física. Não porque exista uma "nova força" ou seja lá o que for direcionando o comportamento dos átomos em um organismo vivo, mas porque a construção dessa matéria é diferente de tudo o que já testamos em um laboratório de física. (Schrödinger, 1944, p.76)

Neste novo mundo quântico, o "mecanismo probabilístico da física" (Schrödinger 1944, p.79) constrói a ordem macroscópica a partir da desordem molecular – "nossa maravilhosa teoria estatística de que, justificadamente, nos sentíamos tão orgulhosos porque permitiu olhar por trás da cortina e vislumbrar a magnífica ordem ou lei física precisa que emerge da desordem molecular ou atômica" (Schrödinger, 1944, p.80). A complexidade do material hereditário exigirá um novo princípio da ordem a partir da ordem:

> A ordenação com que nos deparamos no desdobramento da vida nasce de uma fonte diferente. Ao que parece existem dois "mecanismos" distintos segundo os quais eventos ordenados podem ser gerados: o "mecanismo estatístico" que produz a "ordem a partir da desordem" e um novo mecanismo, que produz a "ordem a partir da ordem". Os físicos sentiram-se muito orgulhosos por estarem associados com ... o princípio "da ordem a partir da desordem", que é atualmente seguido na natureza ... Mas não podemos esperar que as "leis da física" que dele derivam sejam suficientes para explicar de imediato o comportamento da matéria viva, cujas características mais notáveis visivelmente se fundamentam, e em grande medida, no princípio da "ordem a partir da ordem". Vocês não esperariam que dois mecanismos totalmente distintos gerassem o mesmo tipo de lei – não esperariam que a chave de cada um também abrisse a porta do vizinho. (Schrödinger, 1944, p.80)

Estes argumentos levaram Schrödinger à sua inferência mais conhecida, a que garantiu tamanha influência histórica ao seu pequeno livro – o conceito de gene como um "cristal aperiódico".

"O que é vida?", uma pergunta para o pluralismo

Um problema de título

Dentro do contexto do que expus anteriormente, acredito que não vão me julgar excessivamente intolerante ou trivial se disser que meu principal problema com *O que é vida?* é a alegação implícita no título. Logo na primeira página, Schrödinger expõe a questão que seu livro tentará responder:

> A questão ampla, importante e extremamente discutida é a seguinte: como a física e a química podem explicar os acontecimentos no espaço e no tempo que ocorrem dentro dos limites espaciais de um ser vivo? (Schrödinger, 1944, p.1)

(Esta formulação pelo menos fornece um cenário tão abrangente quanto um ser vivo inteiro, embora *O que é vida?* logo a seguir discuta, quase exclusivamente, a natureza física do material hereditário.)

Resumindo, e dentro do espírito do modernismo reducionista, Schrödinger argumenta que obteremos a resposta a "o que é vida" quando soubermos do que são feitas as menores unidades da hereditariedade e como elas funcionam de maneira universal. Não nego o valor inestimável de aprender qual a natureza e construção do material genético. Mas este conhecimento nos leva a uma resposta adequada de "o que é vida"? Não haverá mais, muitíssimo mais, que qualquer conceito coerente razoável dessa questão precise incluir? De um ponto de vista parcial como paleontólogo, devo rejeitar a limitada formulação de Schrödinger, pois sua aceitação torna minha área irrelevante ou, na melhor das hipóteses, totalmente secundária. Se o conhecimento da natureza física do material hereditário responde à pergunta "o que é vida", então por que minha especialidade tenta arduamente delinear a história filética na grande escala de tempo de bilhões de anos? No máximo, a terra seria apenas um palco onde documentar meros detalhes da história especificada por uma teoria que, por sua vez, nasceu exclusivamente de uma compreensão da natureza da matéria a partir dos seus menores componentes. Segundo esta visão, paleontólogos não têm como desenvolver uma teoria a partir do seu macromundo, nenhuma contribuição a dar no sentido de fornecer uma resposta completa a "o que é vida?". Podemos apenas documentar uma história real e esta atividade torna-se banal se não dá origem a nenhum *insight* teórico.

Fontes locais da redução

O que é a vida, então, além do funcionamento dos seus menores componentes? Por que deveríamos ser capazes de responder corretamente a uma pergunta tão vasta dentro de um domínio tão restrito? – e por que existem tantos de nós completamente satisfeitos com respostas parciais como a de Schrödinger? Em parte, a culpa é de uma série de tradições e fatores sociais externos à paleontologia e outras subdisciplinas da biologia de "organismos inteiros". A inveja pela física tornou os pronunciamentos de grandes cientistas neste campo, particularmente os ganhadores do prêmio Nobel (pois nossas disciplinas não são honradas com esse tipo de premiação) merecedores de respeito especial (e em grande medida imunes às cerradas críticas). A popularidade do modernismo impulsionou indevidamente os velhos equívocos reducionistas. A falta de orgulho em relação a nosso próprio material (outra conseqüência do reducionismo e da inveja pela física) tornou-nos mais receptivos a gurus de outras paragens.

Mas um outro conjunto de fatores emerge das nossas próprias tradições e explicações convencionais – e portanto podemos culpar apenas a nós mesmos pela aceitação excessivamente rápida do reducionismo e o pronto adandono dos nossos fenômenos como fontes ricas de teorias para muitos aspectos da resposta completa à pergunta "o que é vida?". O próprio darwinismo clássico não apenas aceita, mas na verdade promove um estilo de pensamento reducionista que tornou o palco geológico teoricamente irrelevante, mesmo antes que a genética molecular fornecesse uma versão ainda mais radical.

Duas características da visão do mundo darwinista encorajaram a redução do cortejo geológico da história da vida no mínimo às maquinações temporárias dos organismos, se não à própria natureza físico-química do material genético. Primeiro, a teoria da seleção natural identifica como *locus* unitário de mudança causal o organismo lutando pelo sucesso reprodutivo – e explicitamente nega um *status* causal ativo a qualquer unidade biológica "superior", como uma espécie ou um ecossistema. A beleza e o radicalismo do sistema de Darwin residem em grande parte na sua negação de princípios de ordenação abrangentes (como a ação Divina nas teorias mais antigas) e sua atribuição da fenomenologia de ordem superior (como a harmonia dos ecossistemas ou o bom projeto da arquitetura orgânica) a conseqüências ou subprodutos da causalidade de nível inferior.

Segundo, sob a grandiosa visão da uniformidade, apregoada tão eficazmente por Charles Lyell, guru de Darwin, todas as escalas do tempo e todas as ordens de grandeza dos eventos fluem suavemente para cima, como somatórias e extrapolações dos observáveis acontecimentos causais de efeito mínimo ocorrendo em instantes no tempo – o *Grand Canyon* como um acúmulo de erosões, grão a grão, durante milhões de anos; as tendências evolucionárias como somas graduais de alterações mínimas, de geração a geração, incontavelmente.

Percebemos esta suavidade causal que parte das mínimas escalas na elaboração da seleção natural do próprio Darwin como uma analogia dos processos observáveis e de escala ainda menor da seleção artificial na domesticação e na agricultura. Se os humanos, com seu conhecimento tão imperfeito, forjaram mudanças durante séculos, pensem no que uma natureza implacavelmente eficiente pode fazer em uma extrapolada vastidão:

> Na medida em que o homem pode produzir e certamente tem produzido grandes resultados através de suas formas de seleção inconscientes e metódicas, o que a natureza não poderia fazer? O homem é capaz de agir apenas sobre características externas e visíveis; a natureza não liga para as aparências ... Ela age em qualquer órgão interno, em qualquer indício de diferença constitucional mínima, em todo o maquinismo da vida ... Como são passageiros os desejos e esforços do homem! Como é curto o seu tempo! E, conseqüentemente, como serão pobres as realizações humanas comparadas às acumuladas pela natureza ao longo de inteiros períodos geológicos. (Darwin, 1859, p.84)

Além disso, o palco da natureza amplifica pequenos eventos para qualquer escala de grandeza que se queira, simplesmente através do recurso ao tempo. Não precisamos de novas forças para as escalas maiores, nem de catástrofes de proporções globais. O reducionismo funciona porque toda a estrutura causal da história da terra e da vida encontra-se completamente exposta nos mínimos eventos dos instantes observáveis.

Essa crença na uniformidade causal estabelece um credo gradualista, responsável por uma gama de falácias na nossa compreensão da história natural – desde as reconfortantes iconografias (ver Gould, 1989) da história da vida como uma escala de progressos (para a morfologia) ou um cone de base cada vez maior (para a diversidade) até dogmas sobre o curso constante da mudança geológica, tão bem capturado no prólogo da recente revisão do livro póstumo de Derek Ager sobre o neocatastrofismo, escrita por Davies:

> "Fascista!". Entre os políticos da rua, este é o insulto máximo vociferado como prelúdio de uma ação esquerdista ainda mais violenta. "Catastrofista!". Nos meus tempos de juventude, esse era o pior xingamento que poderia ser dirigido a um cientista das ciências da terra que parecia se afastar do dogma prevalente da uniformização... Achávamos melhor acreditar que o importante na geo-história eram os processos gradualistas a longo prazo da natureza ... Os estratos sedimentares formados em um ambiente marinho eram interpretados como acúmulos muito graduais de partículas, depositadas sobre o fundo do mar ao longo de eternidades de tempo. (1993, p.115)

"O que é vida?" como um problema na hierarquia e na história

Dentro do espírito pluralista do pós-modernismo, a teoria evolucionária contemporânea atualmente se afasta do reducionismo limitante tanto do tipo de Schrödinger (segundo o qual a questão "o que é vida?" poderia ser respondida conhecendo-se a natureza física dos menores componentes) como do tipo de Darwin (segundo o qual os processos e escalas de tempo de níveis superiores podem ser explicados como extrapolações causais de processos que operam no organismo individual no presente observável). Dois temas, a hierarquia e a contingência histórica, ajudam-nos a perceber que as resoluções tanto no nível de Schrödinger como no de Darwin fornecem apenas respostas parciais à pergunta "o que é vida?", e que muitas questões legítimas e vitais deste emaranhado secular exigem um corpo teórico – não apenas fenomenológico – operando em, e sendo apenas extraível de, processos da macroescala do tempo e das grandes transformações evolucionárias.

Hierarquia

Dois temas separados, baseados no conceito geral de níveis de organização nos tempos e magnitudes, impedem uma resolução adequada de "o que é vida?" na escala dos genes e sua formação.

A hierarquia na formulação de uma teoria evolucionária da seleção. Os fundadores da teoria evolucionária moderna (ver Dobzhansky, 1937, e o comentário de Gould, 1982) sempre reconheceram um tipo de hierarquia descritiva, mas estes cientistas geralmente aceitaram uma redução causal para mudanças de freqüências de genes em populações. Propostas de uma hierarquia causal explícita dentro da teoria da seleção inspiraram um grande debate desde a década de 1970. A forma mais suave de hierarquia afirma que acontecimentos da macroevolução, embora totalmente coerentes com a teoria microevolucionária, não poderiam ser previstos a partir dos princípios do micromundo e portanto exigem um enfoque direto nos fenômenos em grande escala (Stebbins & Ayala, 1981).

A forma mais drástica de hierarquia se afasta da alegação central de Darwin de que os organismos são o *locus* exclusivo da seleção natural (ou do argumento ainda mais reducionista de Dawkins, 1976) e outros, de que genes podem ser esses próprios "indivíduos" em última instância). A teoria hierárquica da seleção natural afirma que objetos biológicos em vários níveis crescentes de uma estrutura hierárquica de inclusão – genes, organismos e espécies destacando-se entre eles – podem todos agir (simultaneamente) como os legítimos sítios de ação da seleção natural. (As espécies são objetos naturais, não abstrações, e mantêm todas as propriedades-chave – individualidade, reprodução e hereditariedade – que permitem que uma entidade biológica funcione como uma unidade de seleção.) Se as espécies são unidades de seleção importantes por si mesmas, e se grande parte da evolução deve ser entendida como um sucesso seletivo diferencial em vez da extrapolada predominância de genes favorecidos em uma população, então o padrão evolucionário – um importante componente de "o que é vida" – precisa ser estudado no contexto da duração de espécies, isto é, diretamente na escala de tempo geológica (ver Stanley, 1975; Vrba & Gould, 1986; Lloyd & Gould, 1993; Williams, 1992).

O comportamento da terra. Mesmo que a seleção natural fosse capaz, em princípio, de gerar evolução em todas as escalas por simples acumulação, a terra deveria se comportar de uma maneira condizente para permitir essa produção gradualista. Se a terra é tão desregrada que seqüências acumulando-se lentamente são desviadas ou restabelecidas por catástrofes ocasionais de grande significância, então as causas do padrão evolucionário global são complexas – e o componente atribuível a raras ocorrências de peso em um dado momento não podem ser percebidas pelo estudo uniformitário tradicional de eventos atuais comuns.

A prova virtual (Krogh et al., 1993) da hipótese de Alvarez sobre a extinção em massa devida ao impacto de um meteorito no fim do período do Cretáceo (Alvarez et al., 1980) vem induzindo uma reconsideração geral e uma disposição a admitir o papel importante dos eventos e processos que ocorrem em níveis superiores de hierarquias de tempos e magnitudes. Davies (1993, p.115) continua sua crítica do uniformitarismo clássico:

> Agora tudo mudou. Estamos reescrevendo a geo-história. Onde antes percebíamos uma esteira transportadora, agora vemos uma escada rolante. Nesta escada, as superfícies horizontais dos degraus são longos períodos relativamente quiescentes em que pouco acontece. As elevações são episódios de mudança um tanto repentina, onde a paisagem e seus habitantes são transportados para um novo estado. Mesmo os geólogos modernos mais rígidos estão invocando surtos sedimentares, fases explosivas de evolução orgânica, blecautes vulcânicos, colisões continentais e aterrorizantes impactos de meteoros. Vivemos em uma era de neocatastrofismo.

Vamos considerar apenas três exemplos de fenômenos macroevolucionários, todos muito discutidos durante os últimos vinte anos; eles devem constituir grande parte de qualquer resposta satisfatória à pergunta "o que é vida?" e no entanto não podem ser adequadamente resolvidos pela compreensão da estrutura do material genético, ou de qualquer extrapolação sensata deste particular micronível. (1) As tendências evolucionárias em um mundo de equilíbrio pontuado (Eldridge & Gould, 1972; Gould & Eldridge, 1993), onde a direcionalidade resulta do sucesso diferencial de subconjuntos condicionados de espécies estáveis dentro de clades e não de transformações anagenéticas dentro de linhagens; onde, também, um componente significativo do sucesso diferencial da espécie ocorre por uma seleção irredutível no próprio nível da espécie. (2) Extinções em massa que são mais rápidas (algumas acionadas por verdadeiras catástrofes em escalas de instantes a dias, com efeitos principais de matança abrangendo talvez séculos ou milênios), de conseqüências mais profundas, que ocorrem mais freqüentemente e têm causas mais diversificadas do que jamais imaginamos na nossa visão Lyelliana. (3) A restrição do tempo e amplificação do efeito para episódios de origem na história da vida (particularmente para a "explosão Cambriana") que virtualmente iniciaram todos os grandes projetos da vida multicelular. Atualmente, rigorosas datações radiogênicas abreviaram a explosão Cambriana a um período de apenas 5 milhões de anos ou quase isso (Bowring et al., 1993). Ao contrário das visões anteriores convencionalmente progressistas, segundo as quais apenas os precursores das formas modernas surgiram neste evento, trinta anos de reavaliação do *Burgess Shale* (a famosa fauna de animais de corpo mole do período Cambriano médio, logo após a explosão) sugerem que a gama destes projetos anatômicos iniciais excedeu as fronteiras modernas (apesar dos mais de 500 milhões de anos subseqüentes para gerar novas anatomias) e que a história da vida desde esta explosão foi essencialmente uma história de redução de possibilidades iniciais. Com uma exceção (os briozoários no começo do período Ordoviciano subseqüente), nenhum novo filo apareceu no registro fóssil desde a explosão do Cambriano. Sejam quais forem os cenários genéticos e de desenvolvimento que permitiram esse grande evento, o que aconteceu não é, mais uma vez, algo que possa ser extrapolado das mudanças darwinistas em populações modernas (ver Whittington, 1985; Gould, 1989). Não podemos começar a responder a "o que é vida (multicelular)?" sem compreender esses acontecimentos.

A contingência histórica

Utilizem todas as explicações convencionais do tipo "leis da natureza"; somem a esse arsenal tudo o que absorvemos ao compreender as leis e princípios dos níveis superiores, dimensões maiores e tempos mais longos – e ainda assim estará faltando uma peça fundamental de "o que é vida?". Os acontecimentos do nosso complexo mundo natural podem ser divididos em duas grandes esferas – os incidentes repetíveis e predizíveis suficientemente gerais para explicar as conseqüências da lei natural e as contingências singulares que ocorrem (em um mundo não só caótico como cheio de verdadeira aleatoriedade ontológica) porque complexas narrativas históricas simplesmente se desenrolaram ao longo de caminhos percorridos e não através da miríade de outras alternativas igualmente plausíveis.

Essas contingências, embora vistas com desconfiança e não prestigiadas pela ciência tradicional, deveriam ser consideradas igualmente significativas, igualmente prodigiosas, igualmente interessantes e tão analisáveis quanto as previsibilidades mais convencionais. As contingências são de fato imprevisíveis, mas esta propriedade decorre do caráter do mundo – tornando-se assim tão imediatamente significativa quanto qualquer outra coisa apresentada pela natureza – e não das limitações das nossas metodologias. Acontecimentos contingentes, embora imprevisíveis no início de uma seqüência, são tão explicáveis quanto qualquer outro fenômeno depois que acontecem. As explicações, sendo contingentes em vez de baseadas em leis, exigem um conhecimento da seqüência histórica específica que gerou o resultado, porque tais soluções têm que estar na forma narrativa e não dedutiva. Porém muitas ciências naturais, incluindo a minha própria paleontologia, são histórias neste sentido e podem fornecer essa informação, se os arquivos preservados forem suficientemente ricos.

Um depreciador da contingência poderia admitir tudo o que acabei de dizer e ainda responder: sim, eu aceito suas duas esferas, mas a ciência refere-se apenas ao domínio "superior" da generalidade. A região "inferior" da contingência é pequena e achatada, pressionada pela grandiosidade que lhe está acima; é somente o lugar de detalhezinhos curiosos e sem importância para o funcionamento básico da natureza. A chave do meu argumento encontra-se na negação desta freqüente conceitualização e na reestruturação do domínio da contingência, tão amplo e importante quanto qualquer coisa dedutível de uma lei natural – pois o domínio da contingência abarca questões do tipo convencional: "por que isto e não outra coisa entre milhares de outras coisas?".

O principal argumento pode ser melhor apresentado como uma observação histórica ou psicológica. Na nossa arrogância, mas também no nosso devido respeito, tendemos a colocar as questões biológicas mais profundas como generalidades a serem analisadas pela lei natural: por qual razão a vida precisa ser governada pela seleção natural ou substratos serem produzidos a partir de códigos de ácidos nucléicos?. O quê, dentro da teoria ecológica, nos diz por que a terra abriga tantos insetos e tão poucos pogonóforos? O quê, afinal, é vida? (vista como fenômeno predizível que evoluiria outra vez da mesma maneira e não pode ser muito diferente do que é). No entanto, a maioria destas perguntas emerge porque queremos desesperadamente compreender algo igualmente intrigante e muito mais específico: quem somos nós como seres humanos e por que estamos aqui? Protágoras estava certo no seu famoso aforismo "o homem é a medida de todas as coisas" (a ser lido ou como um depoimento do humanismo máximo ou como uma limitada visão provinciana). Agora, nós, como espécies únicas, o produto final de uma seqüência de contingências que nunca poderia ter levado a nada que nos assemelhe se qualquer um dos milhares de passos precedentes tivesse ocorrido de formas ligeiramente diferentes (com iguais probabilidades de acontecer) – nós que somos entidades contingentes e não inevitabilidades predizíveis – estamos firmemente dentro do domínio da contingência. E questões que verdadeira e profundamente nos dizem respeito, mesmo se estruturadas de forma convencional como as indagações sobre essenciais atemporais, são perguntas que devem ser respondidas em termos de contingências.

Pequenas diferenças na esfera da história contingente, aparentemente inconseqüentes para qualquer observador naquele instante, criam uma cascata de resultados totalmente diversos que fundamentalmente modificam "o que é vida?". A contingência não é o domínio do exclusivamente trivial. O tema da contingência, além do mais, é fractal e penetra todas as escalas da história da vida, desde cataclismos da biosfera a detalhes de linhagens particulares. Por que o *Homo sapiens* está aqui? – a pergunta que de fato impele nossa indagação sobre "o que é vida?" (como admitimos em momentos de honestidade). Desçam nas escalas fractais e encontrarão contingências por todo lado. Estamos aqui porque a lista de mortos entre os produtos anatômicos da explosão Cambriana não incluiu um pequeno e "pouco promissor" grupo de cordados representado pelo gênero *Pikaia* no *Burgess Shale*. (Qualquer repetição da fita da vida através da loteria de *Burgess Shale* teria rendido um elenco de linhagens sobreviventes totalmente diferente; neste sentido, qualquer grupo atualmente vivo deve sua existência à sorte contingente). Desçam até a sobrevivência dos mamíferos. Eliminem o projétil do Cretáceo superior (a derradeira bomba aleatória) e os dinossauros ainda dominariam o mundo dos vertebrados terrestres, com os mamíferos provavelmente ainda reduzidos a seres do tamanho de ratos vivendo nos interstícios do seu mundo (os dinossauros dominaram mamíferos durante os 100 milhões de anos precedentes, então por que não durante outros 65 milhões de anos adicionais?). Desçam até a linhagem dos símios. Nesta repetição, a seca não ocorre e as florestas não se convertem em campos e savanas. A linhagem de símios ainda está lá na durável floresta – e indo muito bem, obrigado, em um mundo estável alternativo.

Schrödinger escreveu sobre seus gostos e aversões quando estudante: "Fui um bom aluno, não importa qual fosse a matéria. Gostava de Matemática e Física, mas também da lógica rigorosa das antigas gramáticas. Apenas detestei memorizar os 'aleatórios' fatos e dados da História e Biogeografia". Como é irônico que um grande pioneiro da revolução científica, que colocou a aleatoriedade quântica dentro de uma nova estrutura para as leis da natureza, tenha expulsado a forma contingente da aleatoriedade de eventos do macromundo para além dos limites do interesse científico, simplesmente por ser histórica. "O que é vida?" é com certeza, como Schrödinger afirmou, uma questão a ser respondida no domínio das leis da natureza. Mas "o que é vida?" pertence igualmente à História.

Buckminster Fuller, um profeta moderno, com freqüência dizia que "a unidade é plural e, no mínimo, é dois". As leis da natureza e a contingência histórica devem operar como parceiras iguais na nossa busca pela resposta a "o que é vida?". Pois um antigo profeta uma vez disse (Amós, 3:3): "Caminham duas pessoas juntas, sem que antes tenham combinado?".

Referências bibliográficas

ALVAREZ, L. W., ALVAREZ, W., ASARO, F., MICHEL, H. V. Extraterrestrial cause for the Cretaceous-Terciary extintion. *Science*, v.208, p.1095-108, 1980.

BOWRING, S. A., GROTZINGER, J. P., ISACHSEN, C. E., KNOLL, A. H., PELECHATY, S. M., KOLOSOV, P. Calibrating rates of early Cambrian evolution. *Science*, v.261, p.1293-8, 1991.

CROW, J. F. Erwin Schrödinger and the Hornless Cattle Problem. *Genetics*, v.130, p.237-9, 1992.

DARWIN, C. *On the Origin of Species*. London: John Murray, 1859.

DAVIES, G. L. H. Bangs replace whimpers. *Nature*, v.365, p.115, 1993.

DAWKINS, R. *The Selfish Gene*. New York: Oxford University Press. 1976.

DOBZHANSKY, T. *Genetics and the origin of Species*. New York: Columbia University Press. 1937.

ELDREDGE, N., GOULD, S. J. Puncuated equilibria: An alternative to phyletic gradualism. In: SCHOPF, T. J. M. (Ed.) *Models in Paleobiology*, p.82-115. San Francisco: Freeman, Cooper & Co. 1972.

GOULD, S. J. Introduction, Geneticists and Naturalists. In: DOBZHANSKY, T. (Ed.) *Genetics and the Origin of Species*, p.xvii-xxxix. New York: Columbia University Press. 1982.

GOULD, S. J. *Wonderful Life*. New York: W. W. Norton & Co. 1989.

GOULD, S. J., ELDREDGE, N. Punctuated equilibrium comes of age. *Nature*, v.366, p.223-7, 1993.

JUDSON, H. F. *The Eighth Day of Creation*. New York: Simon and Schuster. 1979.

KROGH, T. E., KAMO, S. L., SHARPTON, V. L, MARIN, L. E., HILDEBRAND, A. R. U-Pb ages of single zircons linking distal k/T ejecta to the Chicxulub crater. *Nature*, v.366, p.731-4, 1993.

LLOYD, E. A., GOULD, S. J. Species selection on variability. *Proceedings of the National Academy of Sciences USA*, v.90, p.595-9, 1993.

SCHRÖDINGER, E. *What is Life?* Cambridge: Cambridge University Press. 1944.

SMOCOVITIS, V. B. Unifying Biology: the evolutionary synthesis and evolutionary biology. *Journal of the History of Biology*, v.26, p.1-65, 1992.

STANLEY, S. M. A theory of evolution above the species level. *Proceedings of the National Academy of Sciences USA*, v.72, p.646-50, 1975.

STEBBINS, G., AYALA, F. J. Is a new evolutionary synthesis necessary? *Science*, v.216, p.380-7, 1981.

VRBA, E. S., GOULD, S. J. The hierarchical expansion of sorting and selection: Sorting and selection cannot be equated. *Paleobiology*, v.12, p.217-28, 1986.

WHITTINGTON, H. B. *The Burgess Shale*. New Haven, CT: Yale University Press. 1985.

WILLIAMS, G. C. *Natural Selection*; Domains, Levels and Challenges. New York: Oxford University Press. 1992.

4

A EVOLUÇÃO DA INVENTIVIDADE HUMANA

JARED DIAMOND[1]

Como os humanos ficaram tão diferentes dos outros animais? Essa pergunta somente pôde ser formulada depois que Darwin mostrou que as diferenças entre nós e os animais haviam evoluído. Não fomos criados distintos dos outros animais. Em vez disso, tornamo-nos diferentes deles com o passar do tempo.

Como isso se deu era, até recentemente, uma pergunta exclusiva da esfera da paleontologia e da anatomia comparada. Hoje, inúmeros esclarecimentos nos chegam de muitas outras áreas como a biologia molecular, a lingüística, a psicologia cognitiva e até mesmo a história da arte. Graças a isso, parece que o problema da evolução da inventividade humana finalmente pode ser solucionado. Esta questão é com certeza um dos maiores desafios da biologia atual.

Apesar de Darwin, todos nós ainda juntamos mariscos, baratas e pica-paus sob um mesmo conceito unificador que denominamos "animais", e que dissociamos dos humanos – como se de alguma forma houvesse muito mais em comum entre mariscos, baratas e pica-paus

1 Department of Physiology, UCLA Medical Center, 10833, Le Conte Avenue, Los Angeles, CA 90024-1751, USA.

do que entre eles e nós. Lançamos até mesmo os chimpanzés no abismo da bestialidade, enquanto permanecemos únicos lá no alto.

As nossas características extraordinárias são, em última instância, expressões de uma rara inventividade. Pensem apenas em algumas das formas singulares que a nossa inventividade assume:

- Ao contrário dos outros animais, nós nos comunicamos por meio da linguagem falada e de textos de livros.
- Assim ficamos sabendo de coisas que aconteceram em lugares distantes e em tempos remotos, como as palestras de Schrödinger de 1943. Que espécie animal sabe sobre o que um outro indivíduo da sua própria espécie vivendo em outro continente pensou há 50 anos?
- Somos totalmente dependentes de ferramentas e máquinas para viver.
- Fazemos e apreciamos arte.
- Também utilizamos nossa engenhosidade para inventar formas de genocídio, abusar de drogas que levam à dependência, sentir prazer em torturar uns aos outros e exterminar outras espécies às centenas.

Nenhuma outra espécie animal faz nada disso. Em conseqüência, as leis da Irlanda e as de todos os outros países insistem que, legal e moralmente, os seres humanos não são animais.

Não apenas somos únicos agora; a paleontologia nos ensina que também somos únicos na história da vida na Terra. Se o que nos diferencia dos animais fosse apenas uma questão de grau, o registro fóssil teria revelado trilobitas empunhando ferramentas de pedra compostas na era Paleozóica, dinossauros testando armadilhas de rato movidas a pilha logo antes do limite entre os períodos Cretáceo e Terciário e babuínos desenvolvendo a pintura a dedo no período do Mioceno. Mas todos esses feitos da tecnologia tiveram de esperar pelo *Homo sapiens*.

A paleontologia refuta nosso pressuposto histórico de que a inteligência tem valor. Prova disso é que as espécies animais realmente bem-sucedidas na Terra, como os besouros e os ratos, encontraram melhores caminhos para chegar à dominância atual gastando pouca energia em cérebros de alto custo. Somos aparentemente únicos não apenas na Terra mas também em áreas próximas da nossa Galáxia, pois os astrônomos que ficam à escuta de sinais de vida extraterrestre inteligente ouvem nada mais que um silêncio ensurdecedor vindo do espaço.

Apesar de toda essa evidência da nossa singularidade, é também óbvio que não somos nada únicos. Não apenas somos um animal, mas é até bastante claro que tipo de animal é esse. Somos um dos Grandes Símios africanos. Temos as mesmas partes anatômicas que os símios e as mesmas – ou quase – proteínas. Das proteínas até hoje seqüenciadas em símios africanos e em humanos – cinco cadeias de hemoglobina, mioglobina, citrocromo C, anidrase carbônica e fibrinopeptídeos A e B –, a maioria não exibe sequer uma diferença de aminoácidos entre espécies, e o número total de substituição de aminoácidos é de apenas 5 em um total de 1.271 seqüenciados.[2] Para convencê-los do nosso parentesco com os símios, imaginem alguns professores e estudantes do Trinity College, coloquem-nos em uma jaula do zoológico de Londres, tirem suas roupas, proíbam que falem uns com os outros e eliminem as visitas do barbeiro por vários anos. Ficaria óbvio então que eles, e nós, somos símios eretos com poucos pêlos.

Com base na evidência fóssil e molecular, percebemos agora que nossos ancestrais divergiram dos ancestrais dos símios africanos atuais há apenas 7 milhões de anos. Isso não passa de um piscar de olhos na escala de tempo evolutiva, bem menos que 1% da história da vida na Terra. Conseqüentemente, nosso DNA é hoje 98,4% idêntico ao das outras duas espécies de chimpanzés, o comum e o pigmeu. Geneticamente, nossa semelhança com chimpanzés é maior que a semelhança entre *willow warblers* e *chiffchafs*, as duas mais incrivelmente parecidas espécies de pássaros irlandeses. Se o Trinity College tivesse contratado um não-preconceituoso zoólogo extraterrestre para classificar nossos animais, ele teria nos considerado apenas uma terceira espécie de chimpanzés.

Na verdade, dizer que diferimos em 1,6% dos outros chimpanzés é exagerar a singularidade humana, pois nossos atributos únicos dependem de diferenças de DNA bem menores que 1,6%. Lembrem-se que 90% do nosso DNA é sucata não-codificante. Lembrem-se também que a maior parte das diferenças de DNA codificante entre humanos e chimpanzés influencia pouco ou nada nosso comportamento, como o

2 Referências bibliográficas sobre isto e outras colocações podem ser encontradas nas minhas investigações anteriores sobre a evolução humana: *The Rise and Fall of the Third Chimpanzé* [*A ascenção e queda do Terceiro Chimpanzé*] (London: Vintage, 1992) e The evolution of human creativity, in J. Campbell, J. W. Schopf (Ed.) *Creative Evolution* [*Evolução criativa*] (London: Jones & Bartlett, 1994).

caso da única substituição em 153 aminoácidos comparando a mioglobina do chimpanzé e a humana. Além disso, como veremos, a maioria das mudanças de DNA codificante parece ter ocorrido bem antes que as diferenças de comportamento interessantes entre chimpanzés e humanos começassem a surgir. Assim sendo, apenas a minúscula fração de 0,16% do nosso DNA poderia explicar por que estamos agora discutindo evolução na linguagem de *Ulisses* do James Joyce, em vez de forragear sem fala pela selva, como outros chimpanzés.

Quais os poucos genes que deram conta dessa distinção comportamental? Como é que esses poucos genes causam uma diferença de comportamento tão vasta? Este é o problema mais fascinante da biologia moderna.

A resposta imediata de qualquer pessoa provavelmente será: os genes responsáveis pelo nosso cérebro grande, a sede da inteligência e da inventividade. O cérebro humano é aproximadamente quatro vezes maior que o de um chimpanzé, e muito maior em relação ao resto do corpo que o cérebro de qualquer outra espécie animal. Admito que outros atributos foram necessários além do cérebro grande. Alguns deles devem ter fornecido o estímulo inicial para um aumento evolucionário do tamanho do cérebro (como a nossa bacia modificada para a postura ereta e a conseqüente liberação das mãos para outros usos). E mais outros atributos característicos tiveram de surgir no homem e atuar em sintonia com nossos cérebros para que pudéssemos funcionar. Entre eles destacam-se as estranhas características sexuais (como a menopausa, a ovulação não evidente e a formação de casais, rara entre mamíferos) que foram necessárias para a criação bem-sucedida de nossas indefesas crianças. Entretanto, não há como contestar que a resposta imediata de todos estava certa ao afirmar que o cérebro grande foi um pré-requisito para a evolução da nossa singular inventividade.

Menos reconhecido é o fato de nosso cérebro grande ser uma condição necessária mas não suficiente. Tal paradoxo torna-se óbvio ao compararmos a escala do tempo para a expansão do tamanho do cérebro com a do aparecimento de artefatos que refletem inventividade no registro fóssil humano.

Como é sabido, a evidência fóssil dos hominídeos demonstra que nossos ancestrais alcançaram uma postura ereta há cerca de 4 milhões de anos, que o aumento evolucionário do tamanho do nosso cérebro começou há aproximadamente 2 milhões de anos, que chegamos à categoria do assim chamado *Homo erectus* há aproximadamente 1,7 milhão de anos e que alcançamos a arcaica categoria do *Homo sapiens* há 0,5 milhão de anos. Os mais antigos *Homo sapiens* anatomicamente modernos já encontrados – pessoas com esqueletos como os nossos atuais – viveram há mais ou menos 100 mil anos na África meridional. Nessa época, a Europa ainda estava tomada pelo homem de Neandertal, significativamente diferente de nós em musculatura e anatomia dos ossos, mas cujo cérebro era na verdade um pouquinho maior que o nosso atual.

Portanto, o aumento evolucionário do tamanho do cérebro humano começou há aproximadamente 2 milhões de anos e estava essencialmente completado há cerca de 100 mil anos. Será que a evidência arqueológica da inventividade humana aumentou paralelamente ao aumento de tamanho do cérebro? Essa evidência arqueológica torna-se abundante no final e inclui pinturas rupestres, objetos de arte, jóias, instrumentos musicais, ferramentas compostas, enterro dos mortos com aparente cerimonial, armas complexas como arcos e flechas, habitações elaboradas e vestimentas costuradas. Se esses marcos da nossa inventividade surgiram gradualmente à medida que o tamanho de nosso cérebro crescia, então temos uma explicação simples para tal inventividade: ela seria o resultado do nosso cérebro grande.

Surpreendentemente, a evidência mostra de maneira inequívoca que essa explicação está errada. As ferramentas disponíveis e as dietas dos africanos anatomicamente modernos de 100 mil anos atrás estão bem documentadas nas cavernas da África do Sul. Fica claro que eles continuavam a produzir ferramentas de pedra rudimentares, em nada mais avançadas que as do homem de Neandertal. Apesar dos seus grandes cérebros, eles não eram grandes caçadores e viviam em populações pequenas. As ossadas de mamíferos caçados encontradas em locais que habitavam correspondem apenas a presas fáceis como o dócil antílope, ou então a animais muito novos ou muito velhos. Presas perigosas, como os rinocerontes, os porcos selvagens e os elefantes, ainda não estavam sendo visadas. As presas eram animais que podiam ser mortos de perto, e sem maiores riscos, com uma lança atirada com a mão, porque o atirador de lanças e o arco e flecha ainda não haviam sido inventados. Esses africanos anatomicamente modernos caçavam poucas aves e peixes porque as redes e os anzóis ainda não haviam sido inventados. Esses cérebros avantajados ainda não produziam nada em termos de arte permanente. Não podemos dizer se costumavam pintar seus corpos, mas eles não chegaram a produzir os objetos de arte que, um pouco depois, sobreviveram em abundância ao período do Pleistoceno.

Todos esses marcos da inventividade estão igualmente ausentes na Europa, nos locais habitados há mais ou menos o mesmo tempo pelos neandertalenses de cérebro grande. Além disso, as ferramentas de pedra dos homens de Neandertal apresentam pouca variação no tempo e no espaço. As ferramentas dos neandertalenses da Rússia são semelhantes às dos da França, e as ferramentas dos neandertalenses de 140 mil anos são semelhantes às dos de 40 mil anos atrás. Evidentemente, o homem de Neandertal não exibiu a variação cultural que gerou as variações espaciais e temporais, resultantes da inventividade humana, nos artefatos do *Homo sapiens*.

Essa evidência da falta de inventividade dos homens de Neandertal é a sua característica mais surpreendente. Em comparação, a inventividade humana produziu diferenças culturais tão marcantes nos últimos 10 mil anos que os arqueólogos rotineiramente datam locais e os agrupam em genuínos conjuntos segundo seus artefatos. Para dar um exemplo moderno conhecido, estilos de computadores e carros mudam tão rapidamente através da invenção que com freqüência podemos datá-los com razoável precisão quanto ao ano de lançamento. Quando meus filhos gêmeos, "experts" em computação, descobrirem, escondida na minha escrivaninha, a régua de cálculo que seu pai analfabeto em computação usava até pouco tempo, eles se perguntarão em que fase do período Paleolítico médio eu nasci.

As únicas características que diferenciavam qualitativamente o comportamento humano de 100 mil anos atrás do comportamento animal eram o uso difundido dessas ferramentas de pedra rudimentares e o uso do fogo (chimpanzés também usam ferramentas de pedra, porém muito menos freqüentemente). Naquela época nem sequer éramos animais especialmente bem-sucedidos. Um ser inteligente extraterrestre que viesse à terra nesse tempo não nos teria destacado como criaturas dotadas de comportamentos incomuns, prestes a dominar o mundo. Pelo contrário, o extraterrestre teria singularizado castores, pássaros construtores de abrigo, cupins e exércitos de formigas. E nós teríamos sido mencionados apenas de passagem, como símios dignos de alguns elogios.

O que fazia nosso cérebro avantajado nessa época, quando ainda era incapaz de produzir evidências arqueológicas da inventividade? Uma resposta rápida mas, acredito, basicamente correta, é que o nosso cérebro, quatro vezes maior que o dos chimpanzés, realizava tarefas qualitativamente semelhantes às dos chimpanzés mas era quatro vezes mais esperto. Sabemos agora, a partir dos resultados de estudos de campo, que chimpanzés fazem e usam ferramentas de materiais variados (pedra, madeira, grama); nós fazíamos ferramentas melhores. Os chimpanzés e os macacos são mais competentes em resolver problemas que os outros animais, mas nós somos mais espertos ainda. Por exemplo, os macacos *vervet* da África, dos quais os leopardos e as pítons são os principais predadores, não conseguem reconhecer o rastro de uma píton, que indica sua proximidade, assim como uma carcaça escondida na árvore indica a proximidade do leopardo; mas nós conseguimos. Os chimpanzés usam seus cérebros para adquirir informações sobre dezenas de espécies, principalmente espécies de plantas que constituem sua dieta variada, incluindo plantas com propriedades medicinais e plantas que frutificam em lugares distantes e a intervalos longos. Nós adquirimos informações sobre uma dieta mais variada ainda, que inclui uma grande diversidade de espécies tanto animais como vegetais. Os chimpanzés reconhecem dezenas de chimpanzés individualmente, toleram ou apóiam indivíduos do seu próprio bando, matam indivíduos de outros bandos e reconhecem associações mãe/filho. Nós reconhecemos pais além de mães, e reconhecemos relações genéticas mais complexas além das de irmãos e pais/filhos. Todas essas nossas habilidades são avanços quantitativos em relação aos chimpanzés e provavelmente impeliram a evolução dos nossos cérebros grandes. Mas ainda não representam a inventividade moderna nem nos fazem qualitativamente únicos.

Resumindo, há cerca de 100 mil anos muitos ou a maioria dos humanos tinham cérebros com tamanho semelhante ao moderno, e alguns apresentavam um esqueleto quase igual ao moderno. Geneticamente, essas pessoas de 100 mil anos atrás podem ter sido 99,9% idênticas aos humanos atuais. Apesar do tamanho do cérebro e de ossos parecidos, algum ingrediente especial faltava. Qual seria esse ingrediente?

Este é o maior enigma não resolvido da evolução humana: essencialmente, esqueletos modernos e tamanhos de cérebro modernos não seriam suficientes para produzir a inventividade moderna.

Vamos voltar agora à Europa ocidental do tempo que começa há aproximadamente 38 mil anos, época em que os primeiros *Homo sapiens* anatomicamente modernos (chamados homens de Cro-Magnon) apareceram nessa parte do mundo. Começando desde então e ao longo de algumas dezenas de milhares de anos seguintes, os marcos arqueológicos da inventividade moderna surgiram na Europa ocidental.

Entre esses marcos estão os primeiros instrumentos musicais preservados, pinturas rupestres, pequenas estátuas e outros objetos de arte, estatuetas em argila e jóias. A primeira evidência inequívoca de um enterro intencional dos mortos aparece, sugerindo a emergência da religião. As ferramentas não são mais grosseiras e em peça única (aparentemente, ferramentas de pedra multifuncionais sem indicação de um uso específico), mas sim ferramentas de pedra e de osso com formas tão especializadas que suas funções são óbvias ainda hoje (como agulhas de costura, anzóis de pesca e sovelas). Ferramentas compostas formadas de várias peças aparecem, como arpões, cabeças de machado inseridas em cabos, lanças posicionadas em atiradores próprios, e o arco e flecha. A corda é criada e usada para fazer laços e redes; portanto os peixes e pássaros passam a ser eficientemente capturáveis e são encontrados com freqüência nos restos de acampamentos. Meios de navegação são inventados, como mostra a colonização da Austrália e da Nova Guiné há pelo menos 40 mil anos, terras estas separadas da plataforma continental asiática por vastas e permanentes barreiras de água. A roupa costurada é representada na produção artística, é evidenciada pelas agulhas, e ela finalmente permite que os humanos colonizem o Ártico. Sítios arqueológicos contêm restos de habitações elaboradas, com chão pavimentado, chaminés, buracos para vigas e iluminação com lampiões. Um senso estético e o desejo pelo luxo são demonstrados pelo transporte de objetos preciosos para lugares distantes, como conchas e pedras de qualidade superior carregados por centenas de milhas pela Europa. Já as ferramentas de pedra dos neandertalenses são feitas com material disponível a poucas milhas de distância dos sítios habitados. Os produtos mais espetaculares da inventividade do homem de Cro-Magnon são as Capelas Sistinas da arte do Paleolítico Superior, a caverna de Lascaux e a caverna de Altamira. Um avanço sinistro do comportamento humano é a extinção de 90% das espécies de grandes animais da Austrália e Nova Guiné depois da colonização pelo homem, e a extinção de várias espécies de grandes mamíferos na Europa e África. Essas espécies chegaram a sobreviver a pelo menos vinte ciclos anteriores de flutuações climáticas do Pleistoceno, e a única explicação plausível para o seu desaparecimento é a chegada do homem (à Austrália e Nova Guiné) ou um notável avanço na habilidade humana de caçar (na Europa e na África).

A nova e mais significativa característica que apareceu na Europa ocidental foi a própria inventividade. Os tipos de ferramenta dos homens de Neandertal não podem ser classificados em estilos que sirvam como diagnóstico de épocas e lugares. As ferramentas, a arte e outros produtos culturais do homem de Cro-Magnon, pelo contrário, variam de maneira tão marcante de milênio a milênio e de região a região que os arqueólogos podem utilizá-los como indicadores da idade e das afinidades de um local. Estudantes da antropologia básica são obrigados a memorizar os nomes dos horizontes culturais do Paleolítico Superior, como o Aurignacense, o Gravetiense, o Solutrense, o Magdaleniense, e assim por diante. Esses nomes são testemunho das rápidas mudanças temporais que a inventividade humana finalmente imprimiu nos produtos culturais do homem.

Somos inclinados a pensar nos homens de Cro-Magnon como "homens das cavernas", um termo ao qual imediatamente associamos a palavra "primitivo". Esta associação é enganosa. Atualmente sabemos que os povos tecnologicamente "primitivos" do mundo moderno (como os habitantes das terras altas da Nova Guiné, até recentemente dependentes da tecnologia da Idade da Pedra) são seres humanos totalmente modernos na sua biologia e intelecto e que existiram razões meramente ambientais para o uso prolongado das ferramentas de pedra. Seguindo o mesmo raciocínio, eu suporia que os Cro-Magnons de 38 mil anos atrás também eram humanos totalmente modernos. Se pudessem ser trazidos até o presente por uma máquina do tempo e mandados ao Trinity College para adquirir uma educação, eles teriam aprendido a pilotar um avião a jato ou a tornar-se biologistas moleculares, da mesma forma que os habitantes da Nova Guiné recém-emergidos da era da pedra estão fazendo hoje. Os Cro-Magnons simplesmente não haviam acumulado durante 38 mil anos todas as invenções necessárias para a tecnologia da aeronáutica.

Portanto, houve na Europa um súbito "Grande Salto para a Frente" no comportamento humano. Chegam os Cro-Magnons com os seus novos comportamentos. Em não mais que alguns milhares de anos os neardentalenses, ocupantes da Europa por mais de 100 mil anos, desaparecem. Assassinos já foram condenados por evidências circunstanciais menos conclusivas. De alguma forma, os Cro-Magnons sem dúvida causaram o desaparecimento dos neandertalenses, seja matando-os ou deslocando-os, seja trazendo infecções às suas populações.

A revolução cultural que eu chamo de o "Grande Salto para a Frente" parece ter acontecido de forma abrupta na Europa, porque foi introduzida por indivíduos recém-chegados. O verdadeiro "Grande Salto para a Frente" com certeza começou fora da Europa e durou muitos milhares de anos. Lembrem-se que o *Homo sapiens* anatomicamente moderno já existia na África e Oriente Próximo há cerca de 10 mil anos e coexistiu por longo tempo com os neandertalenses no

Oriente Próximo, sem ser capaz de exterminá-los. Provavelmente todos esses aspectos distintos do homem de Cro-Magnon foram desenvolvidos no período de 100 mil a 38 mil anos atrás na África, ou no Oriente Próximo ou na Ásia, ou em algum outro lugar, e foram a seguir importados para a Europa. Mas mesmo este período de 100 mil a 38 mil anos não passa de uma pequena fração dos 7 milhões de anos que se passaram desde que nossos ancestrais divergiram dos ancestrais dos chimpanzés. Qual foi o 0,01% dos nossos genes que mudou durante esse breve tempo, e que causou o "Grande Salto para a Frente"? Existe apenas uma hipótese que me parece plausível: os genes responsáveis pelo aperfeiçoamento da linguagem falada. Muitas espécies animais possuem sistemas de comunicação vocal, mas nenhuma chega perto da sofisticação e capacidade de expressão da linguagem humana. É notável que chimpanzés e gorilas tenham sido *ensinados* a expressar-se por meio da linguagem de computadores ou de linguagens por sinais, as quais incluem centenas de símbolos. Esse repertório simbólico é quase tão grande quanto as seiscentas palavras que constituem o vocabulário diário de um cidadão comum americano ou inglês. Os chimpanzés pigmeus aprenderam a *compreender* instruções em inglês falado, ditado em um tom de voz e estrutura de sentença normais. Portanto, os símios certamente possuem parte da capacidade necessária para a linguagem.

Entretanto, chimpanzés e gorilas não falam e não conseguem falar. Mesmo um filhote de chimpanzé criado em casa junto com uma criança da mesma idade de um casal de psicólogos nunca foi capaz de pronunciar mais que algumas poucas vogais e consoantes diferentes. Essa limitação provém da estrutura da laringe e trato vocal desse símio. Para se convencerem de como isso limita a capacidade de expressão e a inventividade, tentem descobrir quantas palavras vocês seriam capazes de dizer se pudessem pronunciar apenas as vogais *a* e *u* e as consoantes *c* e *p*. Se vocês quisessem dizer "O Trinity College é um ótimo lugar para se trabalhar" só conseguiriam dizer "Cuua paa aaa". As tentativas de dizer "O Trinity College é um lugar horrível para se andar a sós" resultariam em sons idênticos.

Sem a linguagem não somos capazes de comunicar um plano complexo, nem mesmo de pensar em um plano complexo para começar, nem de ter idéias fantásticas sobre como projetar uma ferramenta melhor, ou comentar uma pintura bonita. Mas nosso trato vocal é como um delicado relógio suíço, com dezenas de pequenos músculos, ossos, nervos e pedaços de cartilagem trabalhando juntos de maneira precisamente coordenada. Portanto, partindo de um ancestral humano que já possuía quatro vezes a capacidade cerebral de um chimpanzé, e partindo das já existentes e impressionantes capacidades lingüísticas dos chimpanzés, uma série de pequenas mudanças na estrutura do trato vocal, que nos permitiram pronunciar dezenas de novos sons em vez de apenas alguns, pode ter sido o estímulo para a linguagem complexa – e portanto para o "Grande Salto para a Frente". Essas pequenas mudanças podem ter sido o último pré-requisito que faltava para compreender a evolução da inventividade humana.

Com uma linguagem podemos inventar. A essência da linguagem humana é a inventividade: cada sentença é uma nova invenção, produzida pela combinação de elementos familiares. Por essa razão não consigo conceber que aqueles humanos não-inventivos de 100 mil anos atrás tivessem uma linguagem como a nossa atual. Não posso deixar de concluir que o desenvolvimento da inventividade humana está ligado ao aperfeiçoamento da nossa linguagem.

Aceitando este raciocínio, será possível então reconhecer qualquer estágio intermediário do desenvolvimento da linguagem humana moderna a partir dos seus sistemas precursores de comunicação vocal animal? De início parece que há uma distância inatingível entre o latido dos cães e a linguagem do *Ulisses* de James Joyce. Na verdade, estudos realizados nas últimas duas décadas identificaram pelo menos três etapas intermediárias nessa distância.

Um estágio inicial é a "língua" dos macacos *vervet* selvagens, uma espécie de macaco comum na África oriental. Ao escutar os *vervets* temos, de início, a impressão de que eles emitem grunhidos indistintos. Mas se ouvirmos com mais atenção iremos perceber diferenças entre os sons. Experimentos em que a vocalização desses macacos foi gravada e a seguir repetida mostraram que eles possuem pelo menos dez grunhidos diferenciáveis, incluindo "palavras" separadas para os seus três predadores principais (leopardos, cobras e águias), outras para os predadores secundários (babuínos, outros mamíferos e humanos estranhos), e ainda outras palavras para várias categorias sociais de membros da sua espécie (macaco dominante, macaco subordinado, macaco rival).

Não há razão para acreditarmos que os *vervets* sejam únicos porque possuem uma linguagem natural. Na verdade, a identificação da linguagem *vervet* foi bem demorada, porque esses macacos estão mais sintonizados nas diferenças entre seus grunhidos do que nós. A decodificação dos grunhidos exigiu experimentos de gravação e repetição dos sons gravados, o que foi facilitado pelo hábitat aberto e pelos territórios pequenos onde esses macacos vivem. É provável que os chimpanzés e gorilas selvagens também possuam linguagens naturais, mas elas ainda não foram descobertas por causa dos sérios problemas logísticos impostos por seus hábitats muito mais densos e territórios muito mais vastos.

Apesar da linguagem *vervet* incluir sons distintos com sentidos diferentes, ela não possui a estrutura essencial da linguagem humana moderna: isto é, uma programação hierárquica modular. Com isso quero dizer que nós combinamos unidades de uma dezena de vogais e consoantes para formar unidades maiores de cem ou mais diferentes sílabas, que por sua vez são combinadas em unidades maiores de milhares de palavras, que são a seguir organizadas em orações e finalmente organizadas para produzir um número infinito de períodos. Essa combinação hierárquica é realizada segundo regras gramaticais de construção e combinação de palavras. Até o momento, tal programação hierárquica ainda não foi detectada na linguagem dos *vervets*: eles parecem comunicar-se por unidades de som distintas mas não combinadas.

A linguagem natural dos macacos *vervet* ilustra, portanto, um provável estágio inicial do desenvolvimento da fala humana. Nós repetimos esse estágio ontogenicamente, enquanto bebês humanos aprendendo a fala, ao balbuciar "palavras" distintas de forma isolada. Seria possível agora dirigirmo-nos ao outro extremo do postulado *continuum* da linguagem animal/humana e reconhecer como estágios intermediários algumas linguagens humanas menos complexas que a nossa fala convencional? Será que ainda existem linguagens humanas primitivas no mundo atual?

Exploradores do século XIX fizeram tais alegações repetidamente. Eles voltaram de regiões distantes do mundo anunciando a descoberta de tribos com tecnologia primitiva, povos tão primitivos que se comunicavam apenas por meio de grunhidos monossilábicos, como "ugh".

Todas essas teorias foram derrubadas: as linguagens humanas normais existentes são completamente modernas e expressivas. Povos tecnologicamente primitivos não possuem linguagens primitivas. De fato, as línguas dos habitantes das terras altas da Nova Guiné, com quem eu tenho trabalhado na minha pesquisa sobre a evolução das aves e que dependeram de ferramentas de pedra até tão recentemente quanto a década dos anos 1970, são, sem exceção, muito mais complexas do ponto de vista gramatical do que o inglês e o chinês, línguas estas que associamos com civilização. Por outro lado, podemos examinar as línguas mais antigas que chegaram até nós por intermédio de escritos preservados, os primeiros escritos sumerianos de 3100 a. C. e os egípcios de 3000 a. C. Essas primeiras línguas escritas também eram tipicamente modernas na sua organização complexa. Portanto, parece que a linguagem humana alcançou sua complexidade atual muito antes de 3100 a. C. e que não existem línguas humanas primitivas remanescentes capazes de sugerir como as linguagens do tipo *vervet* evoluíram até a linguagem de *Ulisses*.

Na verdade, existem atualmente algumas línguas humanas faladas que são simples, porém mais complexas que a linguagem dos macacos *vervet*, embora sejam muito menos complexas que as línguas humanas convencionais. Essas línguas simples foram espontaneamente inventadas em muitos momentos da história do homem, sempre que pessoas sem uma língua comum foram colocadas juntas, como comerciantes e os nativos com quem negociavam, ou capatazes de plantações e grupos mistos de trabalhadores rurais de origens distintas. Depois de alguns anos, em cada caso, os indivíduos envolvidos em comércio ou os trabalhadores e capatazes sob um convívio forçado desenvolveram uma linguagem rudimentar para comunicar-se, chamada *pidgin*. As línguas *pidgin* simplesmente consistem de seqüências de palavras com pouca gramática ou construção de frases, compostas essencialmente de substantivos, verbos e adjetivos. Tal estágio também corresponde ao que vivenciamos ontogenicamente enquanto crianças pequenas, progredindo das emissões sonoras "*à la vervet*" até as seqüências de palavras. Comerciantes e nativos ou trabalhadores e capatazes usam as línguas *pidgin* para poder falar uns com os outros mas cada um utiliza sua própria e complexa língua para comunicar-se com indivíduos do seu próprio grupo.

As línguas *pidgin* são adequadas à gama limitada de sentidos que cobrem para fins de comunicação. Entretanto, as crianças de pais que falam *pidgin* encontram um sério problema ao interagir umas com as outras, porque esse tipo de linguagem é muito rudimentar e pouco expressivo. As primeiras gerações de crianças que vivenciam tal situação espontaneamente transformam o *pidgin* em uma língua mais complexa chamada língua crioula (*creole*), a qual se estabiliza naturalmente em uma geração. Quero enfatizar que a evolução do *pidgin* para a língua crioula é espontânea e não-planejada. As crianças não se sentam em grupo, reconhecem que a linguagem dos pais é inadequada e então decidem entre elas quem vai inventar pronomes enquanto outras trabalham no tempo condicional mais-que-perfeito.

As línguas crioulas são totalmente expressivas e com gramáticas recém-inventadas que contêm uma organização hierárquica modular típica das línguas humanas convencionais. Como exemplo, considerem a seguinte sentença com que me deparei em uma língua crioula:

> *Kam insait long stua bilong mipela – stua bilong salim olgeta samting – mipela i-can helpim yu long kisim wanem samting yu likem, bigpela na liklik, long gutpela prais.*

Li essa frase em um anúncio de supermercado em Port Moresby, capital de Papua-Nova Guiné, escrita na língua crioula chamada neo-melanésio. A tradução desse anúncio para o português é a seguinte:

> Venha até a minha loja – uma loja para vender de tudo – nós podemos ajudá-lo a obter qualquer coisa que queira, grande ou pequena, num preço bom.

A comparação dessa tradução com o original mostrará que o texto crioulo possui uma estrutura hierárquica totalmente modular e inclui elementos gramaticais tão sofisticados quanto conjunções, pronomes, orações subordinadas, verbos auxiliares e imperativos.

Por todo o mundo, línguas crioulas desse tipo emergem recorrentemente das línguas *pidgins,* com os mais variados vocabulários e usuários. Entre os usuários estão os africanos, os chineses, os europeus e habitantes de ilhas do Pacífico, enquanto o arábe, o inglês, o francês, o português e o alemão têm sido as línguas fornecedoras do vocabulário. Apesar de enormes diferenças de origem entre línguas crioulas, que resultaram em *vocabulários* completamente diferentes para aquelas de origens distintas, as *gramáticas* das línguas resultantes são muito parecidas, tanto no que lhes falta como naquilo que contêm. Comparadas a muitas línguas normais, as crioulas não possuem conjugação da pessoa e do tempo verbal, declinações de substantivos para caso e número nem a maioria das preposições. Porém, línguas crioulas e a maioria das línguas normais têm em comum a presença de orações subordinadas, pronomes para a primeira, segunda e terceira pessoas no singular e no plural e partículas ou verbos auxiliares que expressam negação; tempo anterior, modo condicional e gerúndio, colocados aproximadamente na mesma seqüência.

Portanto, as línguas crioulas compartilham semelhanças notáveis nas suas gramáticas, apesar de suas origens independentes e vocabulários variados. Elas evidentemente emergem de algum *hardware* genético de uma gramática universal dentro dos nossos cérebros. Para a maioria de nós, a convencional e complexa linguagem falada é o que nos rodeia enquanto crianças e nós a apreendemos, o que suplanta a gramática universal crioula controlada pelo *hardware* genético Apenas as crianças que crescem em ambientes onde não existe a linguagem falada complexa é que retrocedem até essa gramática contida no *hardware*.

Assim, a linguagem *vervet*, as línguas *pidgins* e as línguas crioulas representam três momentos decisivos que podem exemplificar como as complexas línguas humanas de hoje em dia evoluíram a partir dos seus precursores animais. Eu diria que a defasagem, no período de aproximadamente 100 mil a 40 mil anos atrás, entre o primeiro aparecimento de cérebros de grande porte e esqueletos anatomicamente modernos e o posterior aparecimento da inventividade humana ocorreu principalmente devido ao tempo necessário para aperfeiçoar a linguagem hierárquica moderna. Eu diria que se pudéssemos inventar uma máquina do tempo com um gravador, para colocá-lo nos territórios dos *Homo erectus* e dos neandertalenses, iríamos descobrir que eles falavam em línguas *pidgin*, com poucos sons distintos e muito pouca gramática para estruturar suas seqüências de palavras. No período de 100 mil a 40 mil anos do passado talvez estivéssemos aperfeiçoando nosso trato vocal, para nos tornarmos capazes de enunciar dezenas de vogais e consoantes distintamente. Talvez também estivéssemos aperfeiçoando a organização dessas vogais e consoantes em sílabas e palavras, e estas em frases e sentenças, tão diferentes das seqüências de palavras das línguas *pidgin* do *Homo erectus* e do homem de Neandertal. Por fim, talvez estivéssemos desenvolvendo uma gramática universal e colocando-a dentro de nós com o *hardware* genético.

Cientistas de laboratório tendem a desprezar as ciências históricas, como a biologia evolucionária, por serem "fracas" ou especulativas. Sim, é muito mais difícil alcançar o conhecimento em áreas onde não é possível aplicar a metodologia de controlados e repetidos experimentos de laboratório, a qual manipula sistemas de teste bem programados. Entretanto, as ciências históricas desenvolveram suas próprias e bem-sucedidas metodologias. Nos próximos 50 anos, quais técnicas irão nos ajudar a compreender a evolução da inventividade humana?

Um certo progresso sem dúvida virá de novos e dramáticos avanços. Por exemplo, o genoma humano está sendo seqüenciado atualmente; também foi possível extrair com sucesso o DNA de plantas e animais datados em milhares ou mesmo milhões de anos. A descoberta recente, nos Alpes, de uma múmia de 5 mil anos da idade do cobre nos permite sonhar que também poderíamos descobrir outra múmia de 30 mil anos. Talvez os esforços atuais de extrair DNA de tecido ou sangue seco sejam bem-sucedidos. Nesse caso, talvez sejamos capazes de fazer comparações entre o DNA de humanos atuais, o de ancestrais humanos já desaparecidos e o de chimpanzés.

Mas também é provável que venhamos a aprender muito pelo aprimoramento de métodos já disponíveis no momento. Eu mencionei a descoberta de uma linguagem natural dos macacos *vervet* e os problemas técnicos enfrentados durante as tentativas de estudar as linguagens naturais de gorilas e chimpanzés selvagens. Parece que é apenas uma questão de tempo até que alguém aborde o problema da linguagem natural dos símios. Um segundo progresso é o rápido avanço, na última década, dos métodos de estudo do sistema cognitivo dos símios que permitem que eles se comuniquem por computadores. Uma terceira área promissora é a tentativa atual, na lingüística, de perceber relações entre línguas humanas que divergiram há mais de 10 mil anos e a possível reconstituição de protolínguas humanas do passado remoto. Finalmente, apenas nos últimos anos tornou-se possível datar pinturas rupestres do Paleolítico Superior pelo método do carbono 14 aplicado aos próprios materiais de pintura. Esses resultados estão apenas começando a produzir *insights* sobre a seqüência do desenvolvimento tecnológico da arte humana – uma janela abrindo-se para dentro da criatividade do homem.

Para resumir, o problema que, a meu ver, é o maior desafio da biologia atual é colocado pelo desacoplamento histórico. Na nossa história evolucionária, mudanças no tamanho do cérebro humano e na anatomia do esqueleto humano ficaram desacopladas das mudanças na inventividade humana, detectada através dos artefatos que nossos ancestrais deixaram para trás. Nosso aumento de tamanho do cérebro e grande parte do desenvolvimento dos nossos esqueletos modernos foram virtualmente completados há dezenas de milhares de anos antes que a maior parte da evidência da inventividade humana sequer começasse a aparecer. Os tipos recentes de evidência incluem a arte, as rápidas mudanças culturais no tempo e no espaço, o enterro dos mortos e o comércio entre lugares distantes.

A diferença genética entre nós e as outras duas espécies de chimpanzés compreende apenas 1,6% do genoma humano. A diferença total no DNA codificante é provavelmente em torno de um décimo disso, e as mudanças de codificação que ficaram por ser completadas após 100 mil anos foram muito menos do que isso. Meu melhor palpite sobre as mudanças finais responsáveis pelo nosso "Grande Salto para a Frente" no comportamento inclui o aperfeiçoamento da linguagem moderna. Se for verdade, essas mudanças finais são a principal razão pela qual estamos agora sentados no Trinity College usando a linguagem de James Joyce para discutir a evolução dos primatas, enquanto os nossos parentes mais próximos, os chimpanzés, estão neste momento comendo cupins na selva ou vivendo em cativeiro nos zoológicos.

5

DESENVOLVIMENTO: O OVO É COMPUTÁVEL, OU PODEMOS GERAR TANTO UM ANJO COMO UM DINOSSAURO?

LEWIS WOLPERT[1]

> Ao chamar as bandas cromossômicas de seqüência de símbolos de um código, queremos dizer que a mente superpenetrante um dia concebida por Laplace, e rapidamente capaz de perceber qualquer relação causal, poderia indicar-nos, a partir da estrutura das bandas, se um ovo se tornaria, sob condições adequadas, um galo preto ou uma galinha pintada, uma mosca ou uma planta de milho, um rododendro, um besouro, um camundongo ou uma mulher.
>
> Queremos ilustrar simplesmente que, tendo-se o retrato molecular do gene, deixou de ser inconcebível que a diminuta célula corresponda precisamente a um complicado e específico plano de desenvolvimento e deva, de alguma maneira, conter os meios para colocá-lo em ação.
>
> (*E. Schrödinger*, 1944)

Essas passagens de Schrödinger foram muito inspiradas e levantaram duas questões fundamentais. A primeira é se o desenvolvimento do ovo é computável, e eu vou sugerir que a resposta seja não, mas que

1 Department of Anatomy and Developmental Biology, University College and Middlesex School of Medicine, Windeyer Building, Cleveland Street, London WIP 6DB, UK.

será possível simular alguns aspectos da sua biologia. Quanto à segunda questão – como os genes controlam a fase embrionária – Schrödinger não poderia ter sabido que os genes exercem sua influência controlando quais as proteínas a serem produzidas e, conseqüentemente, o comportamento celular e o desenvolvimento.

Ao colocar essas questões, Schrödinger estava dando reconhecimento à importância fundamental do desenvolvimento. Ele se encontra no centro da biologia multicelular, sendo a ligação entre a genética e a morfologia. Certamente, grande parte da informação genética das nossas células é necessária para direcionar este processo. A evolução pode ser pensada em termos de alteração do programa de desenvolvimento, de maneira que estruturas sejam modificadas e novas estruturas formadas. São apenas os genes que mudam na evolução; portanto, compreender como eles controlam o desenvolvimento é fundamental para compreender a evolução dos animais e plantas. Quando soubermos isso, então poderemos considerar se é possível gerar um anjo ou um dinossauro.

É interessante comparar, brevemente, a embriologia de 50 anos atrás com a atual. Naquela época, o livro *Biochemistry and Morphogenesis* [*Bioquímica e Morfogênese*], de Needham (1942), acabara de ser publicado. Tratava principalmente do que hoje parece ser bioquímica irrelevante, e da busca por substâncias indutoras e moléculas sinalizadoras. Atualmente, enquanto a genética e a biologia molecular transformaram essa área da biologia, temos de reconhecer que apenas em alguns poucos casos é possível apontar com certeza para moléculas de sinalização: a *bride of sevenless* no olho de insetos; moléculas do tipo TGF-β no desenvolvimento do intestino de insetos (Lawrence, 1992); e algumas moléculas no desenvolvimento da vulva de nematódeos. No caso dos vertebrados, não temos um único caso bem estabelecido de molécula indutora ou morfógeno; pilhas de candidatos promissores, porém nada de conclusivo. Em contrapartida, o livro anterior, *The Elements of Experimental Embriology* [*Os elementos da embriologia experimental*], de De Beer & Huxley (1934), que praticamente não continha nada sobre bioquímica, é muito mais relevante para o pensamento atual com sua ênfase em gradientes e interações.

A chave do desenvolvimento é a célula – o verdadeiro "milagre" da evolução. Há fortes razões para dizer que, dada a célula eucariótica, sua elaboração para gerar animais e plantas multicelulares foi comparavelmente fácil. Por exemplo, o ciclo e a divisão celular podem ser imaginados como um programa de desenvolvimento. O processo é apenas a modificação do comportamento da célula, que de certo modo podemos considerar mais complexa que um embrião: mais complexa porque as interações entre as partes do embrião são muito mais simples que as interações entre os componentes celulares. Poderíamos pensar em todas as interações entre células do embrião como sendo seletivas e não instrutivas. Elas simplesmente selecionam um dos possíveis estados que a célula pode adotar; em geral existem poucos, dois ou três, embora em raras ocasiões possam ser mais numerosos. As interações fornecem níveis de informação um tanto reduzidos; a complexidade do desenvolvimento reside no programa interno das células.

A evolução do desenvolvimento é um tópico importante por si mesmo: quais são as pressões seletivas que nele atuam e como surge a novidade? Já cheguei a discutir a idéia de que os embriões talvez sejam evolucionariamente privilegiados. Isto é, na medida em que precisam apenas desenvolver-se de forma segura, e desde que isso aconteça, eles podem ser capazes de explorar possibilidades de desenvolvimento sem seleção negativa (Wolpert, 1990).

Desde que proteínas essencialmente determinam o comportamento celular, o desenvolvimento pode ser imaginado como o controle de quais proteínas serão produzidas e onde, ou seja, o controle da atividade dos genes que as codificam. Quantos genes estão envolvidos no controle do desenvolvimento e não na manutenção das funções normais da célula? É claro que não sabemos a resposta, mas podemos fazer algumas conjecturas com base em informações. Estimativas do número de genes são de 4 mil para *Escherichia coli*, 7 mil para a levedura e 15 mil para o verme nematódeo (Chothia, 1992). Não é absurdo pensar que dos 60 mil genes do homem cerca de 30 mil podem estar relacionados com desenvolvimento. Por outro lado, as análises da fase embrionária de insetos sugerem que apenas cerca de 100 genes estão envolvidos no controle de padrões. E, no nematódeo, sabe-se que aproximadamente 50 genes controlam o desenvolvimento da vulva. Esses são números bem pequenos se agora considerarmos, digamos, 100 genes por estrutura, porque então 50 estruturas diferentes em *Drosophila* exigiriam 5 mil genes. Uma outra maneira de se pensar no número de genes é a sua relação com o número de tipos celulares. Nos humanos existem aproximadamente 250 tipos diferentes de células, e se cada um é caracterizado por dez proteínas diferentes, e cada proteína precisa de dez genes para a sua especificação, sendo estes valores bem modestos, então chegamos ao número de 25 mil genes para o desenvolvimento. Estruturas como o cérebro poderiam exigir uma quantidade de genes bem maior. É também improvável que exista muita superposição entre os genes de diferentes "órgãos", porque isso resultaria em uma falta de flexibilidade na evolução, haveria um excesso de pleiotropia.

Dezenas de milhares é um número grande de genes cuja ação precisa ser compreendida. Esta tarefa é mais dificultada ainda por casos de aparente redundância. Isto é, é possível silenciar certos genes em camundongos sem que ocorra nenhuma mudança óbvia no fenótipo. Então, qual é a função desse gene aparentemente desnecessário? Tenho argumentado que toda redundância é ilusória e simplesmente reflete uma falha em providenciar o teste correto para o fenótipo alterado. (Wolpert, 1992). Mesmo uma deficiência de 5% exige a avaliação de 20 mil animais. Vai ser bem difícil descobrir a verdadeira função desses genes.

Até que ponto podemos esperar que princípios gerais surjam ao longo dos próximos 50 anos? Será que simplesmente nos deparamos com um extenso período de coleta de detalhes? No momento, podemos propor uma lista de idéias tipo regras, e achamos que basicamente compreendemos os princípios fundamentais do desenvolvimento; é impressionante como poucos conceitos bastam. Um pressuposto central é o de que o estado de uma célula é determinado pelos genes ativados e, portanto, pelas proteínas presentes. Embora a degradação da proteína e do mRNA possam ser importantes, assim como o controle da tradução, esse é um bom ponto de partida. Provavelmente, uma das estruturas integradoras-chave do desenvolvimento é a região cromossômica do promotor e do *enhancer*. Esta região de controle *upstream* (em direção à posição 5') tem passado por grandes mudanças evolucionárias e pode servir para integrar muitos aspectos do comportamento celular. Por exemplo, parece que a localização espacial da expressão gênica no desenvolvimento de insetos é o resultado de diferentes fatores que se ligam a um elemento *enhancer* e fornecem um limiar de resposta para sinais externos (Lawrence, 1992).

Desenvolvimento significa, em grande parte, células tornando-se diferentes de maneira ordenada. Podemos pensar nos primeiros organismos multicelulares resolvendo isso de duas maneiras: uma é por divisão celular assimétrica; a outra, por interações entre células (Wolpert, 1990). Essas são as duas únicas maneiras pelas quais diferenças emergem, e por que animais utilizam uma em vez da outra permanece um enigma. Muitos animais desenvolvem-se ao longo de eixos cartesianos, sendo os padrões especificados independentemente ao longo de cada um. Uma maneira de produzir padrões é dar às células informação posicional, como em um sistema coordenado, e as células então interpretam esses valores de maneiras diferentes. A importante implicação disto é que não existe relação entre o padrão inicial e o observado. Uma outra característica comum parece ser a geração de estruturas periódicas como segmentos, vértebras, penas e dentes, que são construídas segundo um modelo básico modificado pela informação posicional. Todas as interações ocorrem a curta distância – raramente ultrapassam mais que 30 diâmetros de célula – e a maior parte da formação de padrões acontece localmente, de forma que os embriões são logo divididos em regiões que essencialmente se dividem de maneira independente.

O nosso melhor sistema para compreender o desenvolvimento é a mosca da fruta *Drosophila* (Lawrence, 1992). Os dois eixos, o ântero-posterior e o dorsoventral, são inicialmente independentes e especificados por produtos de genes maternos, os quais fornecem gradientes de informação posicional. Após a fertilização, os gradientes ativam a cascata de genes zigóticos e o embrião é dividido em um número de regiões definido pela combinação da atividade de diferentes genes. Um padrão periódico de atividade gênica se estabelece ao longo do eixo ântero-posterior – o precursor dos segmentos. De maneira extraordinária, cada faixa é especificada de forma independente, pela combinação local de proteínas. Cada segmento também adquire uma identidade única codificada por um grupo especial de genes chamados *Hox*. O omatídeo do olho da mosca constitui outro excelente modelo. Neste caso, oito células formam um complexo fotorreceptor, cada uma tendo sua identidade única. Alguns dos genes e sinais envolvidos foram identificados. Ao contrário de um mecanismo de formação de padrões baseado em informação posicional, parece que existe uma seqüência de interações celulares, de forma que cada uma das oito células é particularizada no lugar certo. Estas interações compreendem apenas sinalização de uma célula para suas vizinhas. Um alcance de sinalização ligeiramente maior está envolvido no espaçamento de omatídeos individuais.

A organização espacial e a geração de diferenças dominam o desenvolvimento inicial e em geral precedem e especificam a morfogênese (ou mudança de forma) e a diferenciação celular. A morfogênese trata de forças celulares alterando a forma e as relações entre células, enquanto a diferenciação leva à produção de moléculas que caracterizam diferentes tipos celulares.

Mudança de forma é o problema de conectar a ação gênica com a mecânica. Se por um lado existe uma compreensão preliminar das forças celulares envolvidas na gastrulação dos anfíbios, insetos e ouriços, pouco sabemos da aparelhagem intracelular envolvida, de como os movimentos são coordenados e iniciados no tempo e lugar certos. Precisamos saber como genes podem controlar forças celulares. Um mecanismo óbvio é o controle do padrão de expressão espacial de moléculas de adesão.

A conservação dos mecanismos de desenvolvimento é uma questão de considerável importância. Ela está particularmente bem exemplificada no papel dos genes *homeobox* como fornecedores de identidades posicionais às células, ao longo do eixo ântero-posterior. Isso tem relação com um princípio geral, a saber, que a formação de padrões com freqüência ocorre em duas etapas principais – primeiro, alocam-se identidades posicionais, e depois as células interpretam-nas de maneiras variadas. Portanto, a semelhança de expressão dos genes *Hox* ao longo dos eixos ântero-posteriores de vertebrados e moscas é incomparavelmente maior que as semelhanças das estruturas que mais tarde se desenvolvem. Portanto, há convergência dirigida para o estabelecimento de valores posicionais semelhantes ao longo do eixo, mesmo que diferentes mecanismos sejam usados, e a seguir há divergência do desenvolvimento mais tardio. Provavelmente também existe um alto grau de conservação de mecanismos morfogenéticos – adesão e contractilidade celular sendo usadas repetidamente. Basta apenas olhar para a semelhança de gastrulação entre insetos e ouriços. Mas, no tocante à diferenciação celular, não está claro quais os princípios gerais envolvidos, na medida em que diferenciação é essencialmente o controle da expressão de proteínas célula-específicas. É aqui que esperaríamos encontrar a maior divergência, porque não há similaridade esperável entre, digamos, a diferenciação do músculo e a do eritrócito além da ativação de fatores de transcrição que são célula – e tecido – específicos.

Atualmente, passamos por uma onda de entusiasmo, após a identificação dos genes *Hox* e de possíveis moléculas sinalizadoras, e após a análise detalhada de alguns sistemas de desenvolvimento, como o desenvolvimento inicial da mosca, o do olho da mosca e o do nematódeo. Temos a sensação, talvez a ilusão, de que compreendemos os princípios básicos. Podemos ver como cascatas de ação gênica e sinalização intracelular podem gerar um padrão. Mesmo com relação ao membro existem modelos bastante prováveis que envolvem genes *homeobox* e fatores de crescimento (Wolpert & Tickle, 1993). Mas precisamos contrapor a isso nossa ignorância: não existe um único caso nos vertebrados em que uma molécula sinalizadora tenha sido inequivocamente identificada; nosso conhecimento da estrutura celular no tocante ao estabelecimento de polaridade ainda é primitivo, assim como também nosso conhecimento da morfogênese no nível molecular. Existem modelos plausíveis para a gastrulação em moscas, ouriços e anfíbios, mas suas bases moleculares e controle gênico estão faltando. Também temos um conhecimento um tanto precário de características da regulação do tamanho e da forma. Mas acreditamos que a compreensão de tudo isso virá com um conhecimento melhor da biologia celular. É impressionante o fato de protozoários ciliados desenvolverem padrões complexos e obedecerem a regras semelhantes às dos organismos multicelulares, e no entanto desconhecemos os mecanismos moleculares operantes (Frankel, 1989). E, enquanto a especificação da identidade posicional pelos genes *Hox* encoraja a interpretação dessa informação posicional, os alvos *downstream* (em direção à posição 3') dos genes *Hox* são em geral desconhecidos, principalmente em relação à morfogênese: a alteração de apenas um gene pode, na mosca, transformar uma antena em uma perna.

O ovo é computável? Isto é, dada a descrição total de um ovo fertilizado – a seqüência completa de DNA e a posição de todas as proteínas e RNAs –, poderíamos prever como será o desenvolvimento do embrião? Podemos antecipar teorias gerais do desenvolvimento? E como serão essas teorias? Nosso julgamento refletirá, nesse estágio, nossa visão de desenvolvimento do embrião. Será melhor tratá-lo como um sistema dinâmico ou como uma máquina de estados finitos? Se tratado como sistema dinâmico, então é possível que teoremas dessa disciplina possam ser relevantes, teoremas sobre atratores e ciclos-limite (Kelso et al., 1992). Tais sistemas estão baseados na dinâmica não-linear e analisam processos químicos fora de equilíbrio em termos de flutuação e instabilidade e, particularmente, auto-organização de padrões espaciais e temporais. Uma característica típica de todos esses sistemas é que eles parecem excluir a estrutura das condições iniciais. No entanto, células e embriões são altamente estruturados. Talvez o fato mais importante seja que tratam esses sistemas como se fossem contínuos, mas comportamento celular e desenvolvimento estão em grande parte baseados em acionamentos (*switches*). Ativar um gene é um acionamento que pode resultar na produção de uma nova proteína, a qual, por sua vez, pode alterar totalmente o comportamento da célula. Também é notável que até agora a abordagem baseada na teoria do sistema dinâmico não tenha sido produtiva para a biologia celular e o desenvolvimento. Uma possível exceção é a reação-difusão, como sugerido por Alan Turning. Mecanismos de reação-difusão fornecem um modelo atrativo de auto-organização de gradientes e estruturas periódicas (Murray, 1989), porém até o momento não existe evidência convincente de que isso ocorra no desenvolvimento.

Um contra-exemplo do sistema dinâmico é a automontagem de um bacteriófago inerente à seqüência de aminoácidos de proteínas e que apresenta uma via obrigatória para interação de proteínas. O mesmo provavelmente se aplica para a formação de organelas da célula, como os ribossomos, filamentos de actina e de colágeno. Essa automontagem provavelmente está envolvida na diferenciação celular como a organização de filamentos na célula muscular.

Se o desenvolvimento deve ser considerado uma máquina de estados finitos, então os autômatos celulares de Wolfram (1984) podem ser bastante instrutivos. Em vez de modelos baseados em equações diferenciais, que descrevem variações suaves de parâmetros um em relação ao outro, os autômatos celulares baseiam-se em mudanças discretas em muitos componentes similares. Enquanto alguns autômatos celulares podem ser analisados como sistemas dinâmicos discretos, existem outros para os quais a única maneira de determinar seu desenvolvimento é por simulação: nenhuma fórmula finita poderia ser enunciada para seu comportamento geral. Mesmo regras bem simples baseadas nos valores vizinhos levam a padrões que não são computáveis, no sentido de prever o resultado sem chegar a ver como o sistema se equilibra.

O desenvolvimento é semelhante a um autômato celular não-computável? Parece bastante provável que em alguns sentidos ele o seja. O comportamento celular durante o desenvolvimento é determinado pelo estado atual da célula e pelos sinais que provêm das células vizinhas. Estes determinam seu próximo estado. Todos esses estados podem ser melhor caracterizados pelos genes que estão ativos. Entretanto, precisamos levar em conta que devem existir interações complexas entre um estado e o próximo: por exemplo, uma nova proteína produzida pela ativação de um gene pode modificar e interagir com outras proteínas e assim gerar uma cascata de eventos, os quais, junto com a proteína inicial, podem modificar o comportamento celular que leva ao próximo estado. Isto enfatiza uma diferença importante entre desenvolvimento e autômatos celulares. Porque em vez de existirem apenas alguns estados cujos padrões variam em gerações sucessivas, novos estados celulares estão sendo continuamente gerados no desenvolvimento. Existem portanto milhares de diferentes estados celulares, como definido pelos diferentes padrões de ativação gênica durante o desenvolvimento de um embrião. Este fenômeno é muito mais complexo que os autômatos celulares em razão da complexidade das células e do grande número de diferentes estados que elas podem exibir. Parece então improvável que até mesmo simular formalmente o desenvolvimento venha a ser possível.

Entretanto, no futuro, será importante tentar simular processos que envolvam mudanças de forma, como a gastrulação. Os movimentos são lentos e não incluem um componente inicial, portanto o sistema pode ser considerado quase-estático. Isso pode simplificar tentativas de simulação dos movimentos morfogenéticos. Mas simular até mesmo a gastrulação em vertebrados é uma tarefa de porte, e simular alguns aspectos da organogênese, como a do cérebro, é ainda mais desencorajador.

Em 50 anos seremos capazes de determinar por completo as condições iniciais? Nesse tempo já saberemos qual a seqüência completa de DNA, mas precisaremos saber muito mais. Teremos de saber quais proteínas e mensagens maternas são armazenadas no citoplasma e qual sua distribuição espacial. Variações bem pequenas poderiam ser significativas e bem difíceis de detectar. Também precisaremos compreender as complexas interações envolvidas em sinalização intracelular e o papel da miríade de quinases e fosfatases. Talvez possamos negligenciar o metabolismo, mas isso está muito pouco claro. Porém, o ponto central é que qualquer compreensão ou computação minuciosa do desenvolvimento irá exigir um conhecimento detalhado da biologia celular. Esta é uma tarefa formidável, porque implica que para computar o embrião talvez seja necessário computar o comportamento de todas as células que o constituem. Talvez exista uma simplificação, se pudermos encontrar um nível de descrição do comportamento celular que explique adequadamente o desenvolvimento mas que não precise levar em consideração o comportamento detalhado de cada célula.

Uma analogia de alguns desses problemas é o próprio enovelamento de proteínas, que parece ser uma questão muito mais simples. Será possível, nos próximos 50 anos, prever a estrutura tridimensional de uma proteína a partir da sua seqüência de aminoácidos? A resposta é provavelmente sim, mas não necessariamente resolvendo a estrutura a partir de, digamos, princípios básicos. Muito provavelmente a solução virá da homologia. Chothia (1992) ressaltou que proteínas derivam de aproximadamente mil famílias e, como as regras do enovelamento de cada uma são determinadas pela cristalografia, pela ressonância magnética nuclear e pela modelagem molecular, a estrutura de qualquer nova proteína provavelmente será previsível.

Princípios semelhantes talvez sejam válidos para prever como um embrião pode desenvolver-se. O desenvolvimento inicial de organismos distintos pode ser bem diferente. Portanto, mesmo sendo possível identificar genes *homeobox* envolvidos na formação de padrão axial, será bem difícil determinar seu padrão de expressão espacial. Se conhecêssemos esse padrão, então, juntamente com o conhecimento dos genes em cujas regiões controladoras seus produtos se ligam, seria possível fazer algumas previsões gerais sobre que tipo de animal iria desenvolver-se. Assim como o enovelamento de proteínas, a homologia baseada em um extenso banco de dados poderia fornecer a melhor base para tais previsões. Portanto, embora possam existir princípios gerais, e apesar de os mesmos genes e sinais serem utilizados por diversos organismos, os detalhes serão fundamentais e tornarão as previsões sobre o desenvolvimento particularmente difíceis. Apesar de tudo isso, não é absurdo pensar que no final saberemos o suficiente para programar um computador e simular alguns aspectos do desenvolvimento. Contudo, saberemos muito mais do que podemos prever. Por exemplo, se fosse introduzida uma mutação que altera a estrutura de uma única proteína, é improvável que pudéssemos prever suas conseqüências.

Então, o que nos trarão os próximos 50 anos? Se estamos certos acreditando que compreendemos os mecanismos básicos do desenvolvimento então não irão emergir novos princípios, e esses 50 anos provavelmente serão de trabalho árduo, estabelecendo os finos detalhes do comportamento celular durante o desenvolvimento; isso irá incluir uma compreensão detalhada não apenas da ação gênica mas também da bioquímica e biofísica celular. O detalhe pode, entretanto, ser muito empolgante. Tal predição é ao mesmo tempo pessimista e otimista: otimista porque significaria que compreendemos os princípios do desenvolvimento e pessimista porque o futuro parece um tanto entediante. A verdade muito provavelmente se encontra entre essas duas posições e será desapontador e surpreendente se não surgirem novos mecanismos ou maneiras de integrar a informação. Além disso, novas técnicas poderosas com certeza serão inventadas.

Um dos prazeres de simular o desenvolvimento, se fosse possível, é o impacto que isso teria na nossa compreensão da evolução. Poderíamos, por exemplo, perguntar qual seqüência de mudanças genéticas poderia ter levado, digamos, à evolução dos membros ou do cérebro. Poderíamos "brincar" no computador para ver os efeitos de se alterar um gene de cada vez. Poderíamos, em princípio, tentar desenvolver um programa genético que pudesse gerar um dinossauro ou um anjo. O problema com o anjo é fornecer tanto um par de asas como um temperamento angelical. Obter um par extra de membros com penas exigiria uma considerável inventividade, mas, se soubéssemos o suficiente sobre a formação de padrões na organização do corpo e o desenvolvimento de asas e penas, isso seria plausível. Estaríamos utilizando genes conhecidos de aves e de mamíferos. É bem improvável que soubéssemos quais as conexões neuronais necessárias para se obter um temperamento angelical, mas provavelmente poderíamos desenvolver um procedimento de seleção, dado o tempo suficiente. Obter um dinossauro seria ainda mais difícil, mesmo se tivéssemos o DNA completo. O problema seria estabelecer as condições iniciais corretas para o desenvolvimento do dinossauro. Ao que parece, *Parque dos Dinossauros* vai continuar sendo uma ficção científica.

Referências bibliográficas

CHOTHIA, C. One thousand families for the molecular biologist. *Nature*, v.357, p.543-4, 1992.

FRANKEL, J. *Pattern Formation*. New York: Oxford University Press, 1989.

HUXLEY, J. S., DE BEER, G. R. *The Elements of Experimental Embryology*. Cambridge: Cambridge University Press, 1934.

KELSO, J. A. S., DING, M., SCHÖNER, G. Dynamic pattern formation: a primer. In: MITTENTHAL, J., BASKIN, A. (Ed.) *Principles of Organization in Organisms*. Reading, MA: Addison Wesley, 1992. p.397-439.

LAWRENCE, P. A. *The Making of a Fly*. Oxford: Blackwell, 1992.

MURRAY, J. D. *Mathematical Biology*. New York: Springer, 1989.

NEEDHAM, J. *Biochemistry and Morphogenesis*. Cambridge: Cambridge University Press, 1942.

SCHRÖDINGER, E. *What is life?* Reprinted (1967) with Mind and Matter and Autobiographical Sketches. Cambridge: Cambridge University Press, 1944.

WOLFRAM, S. Cellular automata as models of complexity. *Nature*, v.311, p.419-24, 1984.

WOLPERT, L. The evolution of development. *Biological Journal of the Linnaean Society*, v.39, p.109-24, 1990.

______. Gastrulation and the evolution of development. *Development Supplement*, p.7-13, 1992.

WOLPERT, L., TICKLE, C. Pattern formation and limb morphogenesis. In: BERNFIELD, M. (Ed.) *Molecular Basis of Morphogenesis.* New York: Wiley-Liss, 1993. p.207-20.

6

LINGUAGEM E VIDA

JOHN MAYNARD SMITH[1]
EÖRS SZATHMÁRY[2]

Todos os seres vivos podem transmitir informação de uma geração à outra. A propriedade da hereditariedade – de que a vida gera a vida – depende dessa transmissão de informação e, por sua vez, garante que populações irão evoluir por meio da seleção natural. Se alguma vez encontrarmos, em qualquer outro lugar da galáxia, seres vivos com uma origem distinta da nossa, poderemos ter certeza de que eles também possuirão hereditariedade e uma linguagem que transmite a informação hereditária. A necessidade de tal linguagem foi central para o argumento de Schrödinger em *O que é vida?*: ele descreveu-a como a "seqüência de símbolos de um código". Podemos arriscar alguns palpites sobre a sua natureza. Ela deve ser digital, porque uma mensagem codificada por símbolos que variam continuamente logo degenera em ruído enquanto é transmitida de indivíduo para indivíduo. Ela também precisa ser capaz de codificar um número infinitamente grande de mensagens. Essas mensagens precisam ser copiadas, ou replicadas, com um alto grau de precisão. Finalmente, as

1 Department of Biology, Biology Building, The University of Sussex, Falmer, Brighton, Sussex BNI 9QG, UK.
2 Department of Plant Taxonomy and Ecology, Eötvos University, Budapest, Hungary.

mensagens precisam ter algum "sentido", em termos de influenciar suas próprias chances de sobrevivência e replicação: de outra forma a seleção natural não poderá agir.

Os seres vivos possuem não uma mas duas linguagens desse tipo. Existe a familiar linguagem genética baseada na replicação dos ácidos nucléicos, DNA e RNA, e existe a linguagem mais familiar ainda, restrita aos humanos, que estamos utilizando neste momento. A primeira é a base da evolução biológica e a segunda, da mudança cultural. Neste ensaio iremos discutir a origem de ambas.

Na verdade, não discutiremos a origem da replicação dos ácidos nucléicos, embora esse fosse um passo crucial – talvez *o* passo crucial – da origem da vida. Em vez disso, vamos tratar da origem do código genético. Nos seres vivos existe uma divisão de trabalho entre ácidos nucléicos e proteínas. Os ácidos nucléicos contêm a informação genética, que é transmitida por meio da replicação. As proteínas determinam o fenótipo do organismo. A conexão entre as duas se dá pelo código genético, onde a seqüência de bases de um ácido nucléico corresponde à seqüência de aminoácidos de uma proteína. É nesse processo de tradução que os ácidos nucléicos adquirem o que chamamos de seu sentido: ao especificar proteínas, eles influenciam suas chances de sobrevivência – sua "aptidão". O mecanismo de tradução é ao mesmo tempo tão complexo e universal que fica difícil pensar como ele se originou, ou como a vida poderia ter existido sem ele.

O segundo desses problemas, a existência da vida sem o código, que parecia um mistério quase impenetrável há 10 anos, não é mais tão misterioso. A descoberta crucial é que, mesmo nos organismos existentes, algumas enzimas são feitas de RNA e não de proteína (Zaug & Cech, 1986). Isto levou à idéia de um "mundo de RNA" onde as mesmas moléculas de RNA eram fenótipo e genótipo, simultaneamente enzimas e armazenadoras da informação genética. Dado este quadro, que aceitamos, é possível ter vida sem proteínas, e portanto sem o código. Também fica mais fácil imaginar como o código poderia ter se originado.

A característica essencial do código é que cada seqüência de três nucleotídeos ou *triplet* – cada "códon" – corresponde a um de vinte aminoácidos. Essa designação é ocasionada pela ligação de determinados aminoácidos a determinadas moléculas de tRNA, cada qual integrando o códon relevante. A ligação é realizada por enzimas específicas, que podemos chamar "enzimas designadoras". A especificidade do código depende da especificidade dessas enzimas. Nosso problema é explicar como tal especificidade surgiu.

Antes de abordar essa questão, entretanto, vamos revisar brevemente o que pode ser deduzido da natureza do código existente. Há algumas variações: por exemplo, nas leveduras e na maioria das mitocôndrias de animais, o códon AUA codifica a metionina em vez da isoleucina. Outras diferenças como esta são conhecidas e outras mais serão provavelmente descobertas. A variabilidade é limitada, no entanto, e é compatível com a idéia de que existiu um único código ancestral e que têm ocorrido alguns desvios pouco importantes deste. A existência de variações levanta um problema: como o código pode evoluir? Se, por exemplo, AUA codifica a isoleucina, como é o caso no código "universal", de que maneira poderia a designação mudar? A dificuldade é que existem, tipicamente, códons AUA em muitos sítios do genoma de um organismo. Mesmo se fosse seletivamente vantajoso mudar a isoleucina para metionina em um desses sítios, com certeza seria desvantajoso fazer essa modificação em todos eles. Possíveis mecanismos de mudança foram revisados por Osawa et al. (1992). Essencialmente eles sugerem que a pressão direcional das mutações, a qual altera a razão entre pares de base adenina-timina e pares de base guanina-citosina, leva ao desuso de determinados códons: um códon não utilizado pode então ser redesignado.

O ponto importante é que o código pode evoluir, embora raramente e com dificuldade. Durante o início da evolução, quando os organismos eram mais simples e tinham poucos genes, a mudança evolucionária provavelmente era mais fácil. A importância disso é a seguinte. Segundo mostraremos em breve, o código possui algumas características adaptativas. Em geral, os biólogos que estudam a evolução explicam a adaptação pela seleção natural. Um código que não pudesse mudar não poderia tornar-se adaptativo por essa via. Mas se, como parece ser o caso, o código é capaz de evoluir, essas características adaptativas ficam mais fáceis de explicar.

O exemplo mais claro de uma característica adaptativa é este: aminoácidos quimicamente parecidos tendem a ser codificados por códons parecidos. Por exemplo, o ácido aspártico e o ácido glutâmico são quimicamente semelhantes: o ácido aspártico é codificado pelos códons GAU e GAC e o ácido glutâmico pelos códons GAA e GAG. Uma análise mais geral confirma que, a esse respeito, o código está longe de ser aleatório. Por que deveria ser adaptativo que aminoácidos parecidos sejam codificados por códons parecidos? Duas razões plausíveis têm sido sugeridas. Primeiro, se um erro é cometido durante a síntese protéica, o efeito na função da proteína provavelmente será bastante pequeno. Segundo, é menos provável que as mutações sejam deletérias.

Uma segunda característica não-aleatória do código diz respeito à sua redundância. Aminoácidos podem ser codificados por um, dois, três, quatro ou seis códons diferentes. Em geral, os aminoácidos que são comuns entre proteínas tendem a ser especificados por mais códons: por exemplo, leucina e serina (ambas com seis códons) são mais freqüentes em proteínas do que o triptofano (um códon). Mas provavelmente seria errado interpretar isso como uma característica adaptativa do código. É mais provável que seja uma conseqüência não selecionada do código ser como ele é. Portanto, haverá mais mutações para serina e leucina do que para triptofano. Se pelo menos algumas modificações de aminoácidos forem seletivamente neutras, a observada associação entre abundância de proteínas e redundância será previsível. Há também evidências nítidas de que a seleção impediu que a abundância de proteínas correspondesse precisamente à redundância. Por exemplo, as freqüências dos aminoácidos ácidos (ácido aspártico e ácido glutâmico) e básicos (arginina e lisina) são aproximadamente iguais, como seria previsto, na medida em que o pH intracelular é neutro. Mas, considerando a redundância de códons, esperaríamos que os aminoácidos básicos fossem duas vezes mais freqüentes que os ácidos.

Permanece a questão sobre a existência ou não de alguma razão química para determinados códons terem se associado com determinados aminoácidos. A alternativa é que as designações foram quimicamente arbitrárias, assim como a atribuição de sentidos às palavras na linguagem humana é essencialmente arbitrária. Segundo este pressuposto, pode haver uma razão para o fato de os dois primeiros nucleotídeos nos códons do ácido glutâmico e do ácido aspártico serem os mesmos, mas é apenas por mero acidente que eles são GA e não, por exemplo, AU. A questão permanece em aberto, mas é claro que qualquer especificidade química que possa ter existido não foi, por si mesma, suficiente para determinar o código: a evolução de enzimas designadoras permanece um passo crucial a ser explicado.

A idéia básica (Szathmáry, 1993) é que o primeiro envolvimento dos aminoácidos com processos da vida foi como co-fatores de ribozimas. Ao recrutar co-fatores de aminoácidos, o alcance catalítico e a eficiência das ribozimas puderam ser muito ampliados. A idéia está representada na Figura 1. Cada co-fator correspondia a um aminoácido ligado a um oligonucleotídeo – provavelmente um trinucleotídeo, em cujo caso o código visto de fora era organizado em *triplets*. A função do oligonucleotídeo era ligar o co-fator à ribozima por pareamento de bases. Cada tipo de co-fator poderia ter agido em conjunção com muitas ribozimas diferentes.

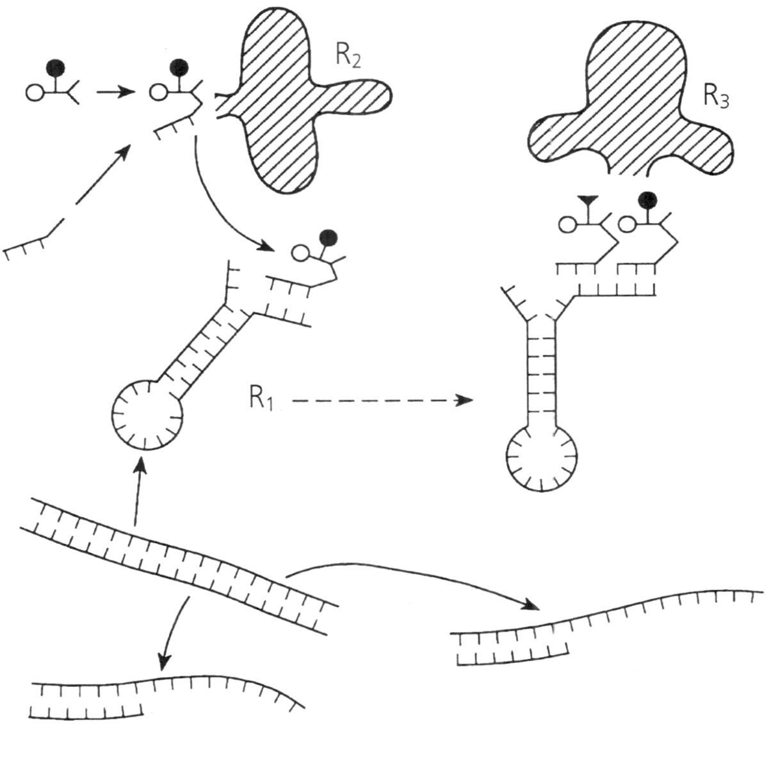

FIGURA 1 – A hipótese da origem do código genético: para explicações, consultar o texto. → indica mudanças dentro da célula; - - - - → indica mudanças evolucionárias.

Neste roteiro, a origem da atribuição específica de aminoácidos a nucleotídeos, que é a base do código, nada teve a ver com síntese de proteínas no início. Essas designações poderiam ter surgido uma a uma, cada qual aumentando o número de co-fatores disponíveis e portanto a versatilidade bioquímica. A história evolucionária posterior está indicada na Figura 1. A próxima etapa teria sido a ligação de uma única ribozima a vários aminoácidos. A ligação destes para formar peptídeos seria então o primeiro passo em direção à síntese protéica. Por fim, a ribozima inicial teria evoluído para mRNA; a alça de oligonucleotídeo do co-fator teria evoluído para tRNA; a enzima designadora R_2, ligando um determinado aminoácido a um determinado oligonucleotídeo, teria evoluído para uma aminoacil-tRNA-sintetase; e, finalmente, a ribozima R_3, relacionando aminoácidos a peptídeos, teria evoluído para um ribossomo.

O modelo deixa muitas questões sem resposta. Por exemplo, as proteínas são muito maiores comparadas aos pequenos polipeptídeos que podiam ser formados utilizando uma ribozima como "mensagem". Mas ele tem a vantagem de sugerir estágios intermediários entre não ter um código e ter um código, cada estágio podendo ser selecionado a favor: por exemplo, ter um único tipo de co-fator seria melhor que não ter nenhum, ter dois co-fatores seria melhor que ter um, e assim sucessivamente. A esse respeito, o modelo assemelha-se a outras sugestões sobre as origens de órgãos complexos que pareceriam inúteis até completamente formados: exemplificando, as penas foram úteis para manter seus donos aquecidos muito antes de estarem suficientemente formadas para ajudar no vôo.

Vamos agora tratar do nosso segundo problema, a origem da linguagem humana. Este é um tópico malvisto entre os lingüistas. Após a publicação de *A origem das espécies*, de Darwin, muitas idéias acríticas sobre a evolução da linguagem foram propostas, a tal ponto que, em 1866, a Academia Francesa de Lingüistas anunciou que seu periódico não aceitaria trabalhos sobre o assunto. A reação da Academia foi provavelmente justificável, mas chegou o momento de retomarmos a questão. Realmente, nos últimos anos têm havido dois avanços empolgantes.

O primeiro diz respeito à filogenia das línguas humanas atuais. A abordagem filogenética não é de forma alguma uma novidade. Até o presente, sua principal realização tem sido o reconhecimento de que as línguas indo-européias pertencem a uma única família, com um ancestral comum. Até recentemente, entretanto, acreditava-se que a extensão do empréstimo de palavras entre línguas era tão vasto que qualquer tentativa de descobrir uma filogenia mais profunda era inútil. Essa visão tem sido contestada por um certo número de lingüistas, principalmente da Rússia e dos Estados Unidos. Como ocorre com freqüência na ciência, o progresso tem dependido da sofisticação de métodos. Neste caso o passo crucial foi a insistência de que relações deveriam ser deduzidas do vocabulário comum em vez da gramática, que muda bastante rápido, e, fundamentalmente, a insistência de que o vocabulário deveria ser restrito a palavras sem sentido técnico: por exemplo, palavras para partes do corpo, relações, dormir e comer, quente e frio são adequadas, mas para arados, casas e flechas não são. A razão é óbvia: palavras técnicas são freqüentemente emprestadas.

É interessante comparar a reconstrução filogenética na biologia com a da linguagem. A reconstrução de línguas depara-se com duas dificuldades principais. A primeira, que surge principalmente porque tratamos da língua falada e não da escrita, emerge de variações de som – por exemplo, a substituição sistemática do som "d" no alemão para o som "th" no inglês em muitas palavras. O paralelo biológico mais próximo é a mudança na razão AT/GC sob pressão mutacional. A segunda dificuldade é o empréstimo de palavras. O processo análogo na biologia – transferência horizontal de genes – não nos levou a enganos freqüentes. Existe, porém, uma dificuldade que é menos grave na lingüística do que na biologia. Na biologia, particularmente se dependemos de características morfológicas, podemos nos enganar pela convergência que resulta de forças seletivas parecidas atuando em diferentes linhagens: a semelhança entre o olho do vertebrado e o do polvo é um exemplo. Esta dificuldade é menos extrema na lingüística, porque a forma da maioria das palavras não está relacionada com seu sentido. Finalmente, como mostraram Cavalli-Sforza e seus colegas, é possível checar filogenias lingüísticas utilizando dados genéticos. Talvez seja demais esperar que possamos reconstruir a protolinguagem, ou melhor, o protovocabulário, mas têm havido avanços concretos na detecção de relações mais profundas entre línguas.

Esse trabalho filogenético está baseado no pressuposto de que todos os humanos possuem uma competência comum para a linguagem: ele está relacionado com a evolução cultural e não a biológica. Para um biólogo, a pergunta mais estimulante tem a ver com a origem da competência lingüística em si. Existe um longo debate entre aqueles que, como Skinner, vêem o aprendizado da linguagem como apenas mais um exemplo de aprendizado humano, alcançado por meio de reforços adequados – isto é, pela punição e, principalmente, pela recompensa – e aqueles que, seguidores de Chomsky, argumentam que a habilidade de aprender a falar é singular e não um mero efeito colateral do aumento geral da inteligência. Os seguidores de Chomsky sustentam que falar exige uma compreensão inconsciente de regras gramaticais complexas, as quais não poderiam ter sido aprendidas da forma que os behavioristas sugerem.

Atualmente a maioria aceita que os adeptos de Chomsky venceram o debate. Dois argumentos têm sido decisivos. O primeiro ressalta quão pequeno é o investimento necessário para permitir que a criança aprenda a falar. Uma criança ouve um conjunto finito de sentenças, mas logo aprende a emitir um número infinitamente grande. Isto implica que ela apreendeu as regras pelas quais sentenças gramaticalmente corretas podem ser geradas, apesar de os pais raramente corrigirem os erros que as crianças cometem. O segundo argumento reside na sutileza das regras gramaticais a serem aprendidas. Duas gerações de lingüistas e de programadores de computador ainda não resolveram o problema da tradução automática, no entanto muitas crianças de 6 anos podem falar duas línguas fluentemente, e traduzir de uma para a outra. A seguir, iremos discutir um terceiro argumento, genético, a favor de acreditarmos que os humanos possuem uma singular competência inata para a linguagem.

É mais fácil afirmar que a competência lingüística é inata do que definir precisamente o que é essa competência. Parece que produzir e compreender a linguagem depende de duas habilidades. A primeira é a habilidade de representar o sentido a ser expresso em uma estrutura hierárquica na mente: os componentes desta estrutura são os elementos que estão representados, numa sentença completa, pelas frases substantivas, frases verbais, e assim por diante. A segunda é a habilidade de apreender as regras pelas quais essa estrutura semântica pode ser convertida em uma seqüência linear de sons – a "estrutura de superfície". As regras, é claro, são diferentes em diferentes línguas; por exemplo, as relações transmitidas por ordens de palavras em inglês são transmitidas por declinações em Latim. É tentador sugerir que a primeira destas duas habilidades possa ter evoluído porque tinha uma função cognitiva em vez de comunicativa. Pensar exige não apenas a habilidade de formar imagens na nossa cabeça como também a de manipular essas imagens. Poder pensar "dois leopardos subiram naquela árvore ontem: um desceu, portanto ainda tem outro leopardo em cima da árvore" seria algo útil mesmo se não fôssemos capazes de expressar o pensamento em palavras. Talvez seja relevante que as crianças na fase pré-lingüística possam realizar atividades mentais comparáveis. Um lingüista poderia opor-se a tal sugestão. De fato, argumenta-se com freqüência que pensar somente pode ser realizado em palavras. Isto parece duvidoso. Jogando xadrez, poderíamos pensar: "Se eu jogo PxB, então ele pode jogar N-B3, atacando simultaneamente meu Rei e minha Rainha; portanto, eu não posso pegar seu Bispo".

Embora tenhamos expressado essa idéia em palavras, inevitavelmente, porque estamos tentando nos comunicar, o pensamento seria por meio de imagens visuais. Mas o pensamento também é gramatical, como o uso do "se", do "então" e do "portanto" deixa claro. É como se os substantivos e os verbos tivessem sido substituídos por imagens visuais mas a gramática permanecesse. O que a gramática fornece é a habilidade de realizar operações lógicas com imagens e conceitos.

Sugerimos, portanto, que a habilidade de formar conceitos e de manipulá-los evoluiu porque pensar ajudou na sobrevivência, independentemente de os pensamentos poderem ser comunicados. A idéia não é original: por exemplo, Bickerton (1990), um lingüista com convicções evolucionárias, argumenta nessas linhas. É difícil perceber, entretanto, por que a segunda habilidade, de converter a estrutura semântica em uma seqüência linear de sons, deveria ser necessária exceto para a comunicação. Como essa competência poderia evoluir? Pinker & Bloom (1990) têm argumentado que a competência lingüística é um órgão adaptativo complexo, nesse sentido assemelhando-se ao olho do vertebrado ou à asa de uma ave, e portanto ela deve ter evoluído pela seleção natural. Embora a afirmação seja óbvia, como os próprios autores enfatizam, foram precisos lingüistas para fazê-la. A complicação que a maioria dos lingüistas parece ter enfrentado ao imaginar a origem da linguagem está na dificuldade de conceber qualquer intermediário útil entre ter ou não a linguagem. Essa dificuldade é com freqüência colocada da seguinte forma: se alguma regra gramatical – por exemplo, a regra que converte uma afirmação em uma pergunta – não existisse, haveria sentidos importantes que não poderiam ser expressos. Os biólogos evolucionistas estão familiarizados com essa objeção em outros contextos. Quantas vezes nos foi dito que o olho não poderia ter evoluído pela seleção natural porque um olho sem alguma das suas partes, a íris, por exemplo, não funcionaria? Neste caso, a objeção pode ser respondida, porque existem exemplos atuais de órgãos sensíveis à luz com vários graus intermediários de complexidade. A dificuldade com a linguagem surge porque esses intermediários estão faltando. Já é suficientemente difícil descobrir o que a competência inata realmente é, sem ter de especular a respeito dos estágios intermediários por onde pode ter passado durante a evolução.

Felizmente, a solução desta dificuldade poderá vir de uma direção inesperada. Gopnik (1990; ver também Gopnik & Crago, 1991) descreveu uma família de fala inglesa na qual é comum a ocorrência de uma determinada incapacidade lingüística. A incapacidade apareceu em 15 membros de uma família de 29 indivíduos em 3 gerações. Pode acontecer em alguns mas não em todos os membros de um conjunto de irmãos, portanto uma explicação ambiental – de que crianças não falam gramaticalmente porque um dos pais também não fala – é improvável. Na verdade, essa condição é herdada como autossômica dominante com alta penetração. Ela é específica tanto na natureza da deficiência gramatical, descrita a seguir, como no fato de não estar associada com defeito mental, surdez, incapacidade motora ou desordem de personalidade: notavelmente, as crianças afetadas têm um desenvolvimento mental normal sob outros aspectos.

Gopnik utilizou vários testes para diagnosticar essa condição, mas sua natureza pode ser melhor explicada citando algumas frases que foram escritas por crianças afetadas (encurtamos ligeiramente algumas destas frases sem ter, assim esperamos, alterado seu significado):

> "Ela lembrou-se quando ela se machuca o outro dia."
> "Carol está chorar na igreja."
> "No sábado eu fui para casa babá com babá e Carol."

Em cada uma destas frases a criança não conseguiu fazer a modificação adequada na forma de uma palavra: nas duas primeiras, uma mudança é necessária para expressar o tempo passado (machucou, chorou) e na terceira para expressar posse (da babá). Crianças afetadas têm a mesma dificuldade com os plurais. Uma criança irá aprender que a imagem de um único livro é "livro" e a de vários livros é "livros". A criança é então confrontada com a imagem de um animal imaginário e é instruída de que ele é um "wug": se então lhe for mostrada a imagem de vários wugs, ela não sabe que a palavra adequada é "wugs". Portanto, a criança pode aprender exemplos particulares de singular e plural, ou de tempos verbais, assim como todos nós temos de aprender o significado de determinados elementos léxicos como "cavalo" e "vaca", mas ela não generaliza.

A falha em generalizar está muito bem exemplificada na seguinte história.

Escrevendo sobre o que ela havia feito durante o fim de semana, uma criança escreveu:

> "No sábado eu assisto TV."

Evidentemente, isto poderia parecer uma afirmação gramaticalmente correta sobre o que ela está acostumada a fazer aos sábados.

Entretanto, sensatamente, o professor considerou-a uma afirmação sobre o que ela havia feito no sábado anterior e corrigiu o verbo para "assisti". No fim de semana seguinte a criança escreveu:

> "No sábado eu me lavo e eu assisti TV e eu fui dormir."

Três questões vêm à tona. Ela aprendeu que o passado de assistir é assisti. Ela não conseguiu generalizar para me lavei. Ela já sabe que o passado de ir é fui: afinal, isto é algo que todos precisamos aprender como um fato único, não por generalização.

Este caso fascinante tem algumas implicações importantes. Primeiro, embora as pessoas afetadas tenham uma deficiência, elas não são desprovidas de gramática: estão em melhor situação do que estariam se não pudessem falar nada. Em outras palavras, podem existir intermediários entre a ausência de competência e a competência perfeita. Segundo, a deficiência é específica da linguagem: não existe defeito mental. Isto confirma a visão de Chomsky de que a competência lingüística não é um mero subproduto da inteligência em geral. Terceiro, o caso sugere o caminho para entendermos a evolução da linguagem.

Se, como parece muito provavelmente ser, a deficiência é causada por uma mutação em um único gene autossômico, existe a possibilidade de esse gene ser localizado e caracterizado. O que uma tal caracterização nos traria não é óbvio. Se existe um gene como esse, com certeza devem existir outros, embora, caso as mutações sejam recessivas ou de penetração incompleta, eles serão mais difíceis de achar. Já se sabe que o defeito específico da linguagem não está confinado a essa família. Em uma revisão da sua epidemiologia por Tomblin (manuscrito em preparação), que sob outros aspectos é excelente, o autor parte de um pressuposto possivelmente equivocado, de que a deficiência específica da linguagem seja uma entidade única. Vale a pena lembrar como foi importante Penrose (1949) reconhecer que o termo "defeito mental" estava sendo utilizado para cobrir um certo número de condições geneticamente distintas. Podemos esperar que, nos próximos 10 anos, um certo número de *locus* de genes distintos, cada qual com um efeito diferente na competência lingüística, venha a ser descoberto.

Qual será, se houver algum, o esclarecimento que isso nos trará sobre a natureza da competência lingüística? Talvez não devamos ser muito otimistas. Porque os geneticistas acreditaram durante 50 anos que o estudo de genes com efeitos específicos sobre o desenvolvimento era o melhor caminho para compreender como o desenvolvimento funciona. Até muito recentemente, havia muito pouco que justificasse essa crença. Atualmente, os estudos com *Drosophila*, *Caenorhabditis*, *Arabidopsis* e o camundongo finalmente parecem estar dando o fruto prometido. Uma dissecção genética da gramática provavelmente será muito mais difícil, em parte porque não sabemos com clareza o que estamos tentando explicar e em parte porque podemos fazer certos experimentos com as moscas da fruta mas não com crianças. Mas apesar dessas razões para cautela, a perspectiva de colaboração entre lingüistas e geneticistas, depois de um longo período de desconfiança mútua, é muito estimulante.

Referências bibliográficas

BICKERTON, D. *Language and Species*. Chicago: University of Chicago Press, 1990.

GOPNIK, M. Feature-blind grammar dysphasia. *Nature*, v.344, p.715, 1990.

GOPNIK, M., CRAGO, M. B. Familial aggregation of a developmental language disorder. *Cognition*, v.39, p.1-50, 1991.

OSAWA, S. et al. Recent evidence for the evolution of the genetic code. *Microbiological Reviews*, v.56, p.229-64, 1992.

PENROSE, L. S. *The Biology of Mental Defect*. London: Sidgwick & Jackson, 1949.

PINKER, S., BLOOM, P. Natural language and natural selection. *The Brain and Behavioural Sciences*, v.13, p.707-84, 1990.

SZATHMÁRY, E. Coding enzyme handles: a hypothesis for the origin of the genetic code. *Proceedings of the National Academy of Sciences USA*, v.90, p.9916-20, 1993.

TOMBLIN, J. B. Epidemiology of specific language impairment. In: GOPNIK, M. (Ed.) *Biological Aspects of Language*, Oxford: Oxford University Press (In preparation).

ZAUG, A. J., CECH, T. R. The intervening sequence of tRNA of *Tetrahymena* is an enzyme. *Science*, v.231, p.470-5, 1986.

7

RNA SEM PROTEÍNA OU PROTEÍNA SEM RNA?

CHRISTIAN DE DUVE[1]

A resposta à questão colocada pelo título desta comunicação depende do que queremos dizer por "proteína". Se restringirmos o termo a polipeptídeos formados nos ribossomos a partir de vinte L-aminoácidos ligados aos tRNAs segundo uma seqüência de mRNA, então poderemos pressupor com segurança que o RNA antecedeu a proteína no desenvolvimento da vida, pois os principais componentes da infra-estrutura de síntese protéica são moléculas de RNA. Essa é a visão incorporada no modelo, amplamente aceito hoje em dia, de um "mundo de RNA" (Crick, 1968; Gilbert, 1986). Por outro lado, se estendermos a definição de proteína para incluir qualquer tipo de polipeptídeo, então existirá uma boa possibilidade de que a proteína tenha precedido o RNA, na medida em que os aminoácidos provavelmente faziam parte das unidades de construção biogênica mais abundantes na Terra pré-biótica (Miller, 1992) e sua polimerização espontânea, embora não prontamente explicável em um meio aquoso, é pelo menos mais fácil de visualizar do que a formação espontânea de moléculas de RNA. Vamos primeiro considerar as proteínas *stricto sensu*. Como essas moléculas passaram a existir?

---

1 International Institute of Cellular and Molecular Pathology, ICP 75.50, Avenue Hippocrate 75, B-1200 Brussels, Belgium; The Rockefeller University, New York.

Segundo a hipótese mais razoável (Orgel, 1989; De Duve, 1991/1995), interações primárias entre aminoácidos e moléculas de RNA levaram à progressiva construção de uma ainda desinformada infra-estrutura de síntese de polipeptídeos. A evolução subseqüente desse sistema viu o desenvolvimento gradual da tradução e do código genético. Este longo processo evolutivo deve ter sido impulsionado primeiro pela capacidade de replicação e estabilidade aumentadas das moléculas de RNA envolvidas. Mais tarde, à medida que a fidelidade da tradução melhorou, propriedades vantajosas dos peptídeos sintetizados tornaram-se cada vez mais importantes. No final, as propriedades dos polipeptídeos dominaram o processo evolutivo. Entre essas propriedades, as atividades catalíticas sem dúvida tiveram um papel central. É provável que polipeptídeos com ação enzimática apareceram primeiro no desenvolvimento deste processo e foram selecionados de acordo com a potência das suas capacidades de catalisar alguma reação química. Tal mecanismo de seleção tem uma implicação interessante.

Vamos considerar uma mutação que levasse à formação de uma enzima que catalisa a conversão de A em B. Obviamente essa enzima não teria servido para nada se A não estivesse presente. Também teria tido pouca utilidade se não houvesse existido uma saída para B. Estendendo este raciocínio para cada nova enzima que surgisse por alguma mutação e fosse retida pela seleção natural, chegamos à conclusão de que muitos dos substratos e produtos de tais enzimas devem ter precedido o mundo do RNA. Vejo nisso um forte argumento a favor da alegação (De Duve, 1993/1995) de que o protometabolismo – conjunto de reações químicas que geraram e sustentaram o mundo do RNA – e o metabolismo – conjunto de reações catalisadas por enzimas que sustentam a vida atual – devem ter sido em grande parte congruentes, isto é, devem ter seguido caminhos muito parecidos.

Esta conclusão é relevante para a questão central de como o RNA surgiu. Apesar de consideráveis esforços, ainda não foi encontrada uma resposta plausível (Joyce, 1991). A possibilidade de um acaso feliz ou flutuação aleatória, perpetuados de alguma forma pela replicação, não pode ser contemplada. Estamos lidando com um firme conjunto de reações, o cerne do protometabolismo, a sustentação do mundo do RNA por todo o tempo que o metabolismo baseado na catálise enzimática levou para se desenvolver. O argumento da congruência sugere que deveríamos olhar mais de perto os caminhos biológicos da síntese de RNA para compreender a formação pré-biótica desta substância central. Tal visão diverge da noção amplamente aceita de que mecanismos pré-bióticos devem ter sido muito diferentes de mecanismos metabólicos. Acredito, entretanto, que o argumento da congruência não é facilmente refutável.

O conceito de uma química abiótica não relacionada com a bioquímica baseia-se na consideração de que o metabolismo depende das atividades catalíticas de enzimas protéicas, que não poderiam ter existido na Terra pré-biótica. Daí a necessidade de se identificarem reações capazes de proceder sem catálise ou com a única ajuda de catalisadores inorgânicos. Isto, entretanto, aplica-se apenas às etapas que foram necessárias para que a química pré-biótica produzisse seus catalisadores. Não há razão para pressupor que as ribozimas foram os primeiros catalisadores biológicos. A possibilidade de peptídeos catalisadores terem surgido primeiro é perfeitamente concebível e é, na verdade, mais provável do ponto de vista de factibilidade química. Além do mais, os peptídeos catalisadores muito provavelmente possuíram atividades semelhantes às das enzimas atuais, como exigido pelo princípio da congruência.

Contrariamente às ribozimas, peptídeos catalisadores não poderiam ter sido replicados – pelo menos, não se o "Dogma central" de Crick já fosse válido há 4 bilhões de anos – e, portanto, não poderiam ter sido submetidos à seleção por mutação. Isto, entretanto, vale para qualquer outro catalisador pré-ribozima – a não ser que aceitemos um envolvimento de catalisadores inorgânicos replicáveis (Cairns-Smith, 1982) – e mal pode ser usado como objeção contra a participação de peptídeos catalisadores no protometabolismo. Tudo o que seria preciso é um suprimento estável e reproduzível de peptídeos contendo os catalisadores necessários. A condição de estabilidade e reprodutibilidade poderia ter sido satisfeita por um conjunto estável de condições ambientais. Quanto à condição de suficiência catalítica, há boas razões para crer que peptídeos relativamente simples já eram dotados de atividades catalíticas. Este pressuposto é sustentado pelo que se sabe da construção modular de proteínas e pelo que se suspeita sobre o tamanho dos primeiros genes e seus produtos. Segundo Eigen, para poder ser replicável sem uma perda irreparável de informação, os primeiros genes de RNA não poderiam conter mais que 70-100 nucleotídeos (Eigen et al., 1981), o que significa que os primeiros produtos da tradução, entre os quais presumivelmente encontravam-se as primeiras enzimas, não continham mais que 20-30 aminoácidos.

Quanto à formação pré-biótica de peptídeos, a questão levanta um problema comum a todas as reações de condensação pré-bióticas. Em princípio existem duas soluções para este problema. Ou a condensação ocorreu na ausência de água, como na síntese térmica de "proteinóides" de Fox (Fox & Harada, 1958), ou havia algum agente condensador ou ativador à disposição. O possível envolvimento de pirofosfato ou de algum polifosfato tem sido evocado com freqüência. Minha preferência vai para os tioésteres (De Duve, 1991). A ligação tioéster tem um papel não apenas central como, muito provavelmente, bem antigo no metabolismo energético. Além disso, um certo número de peptídeos bacterianos é de fato sintetizado a partir dos tioésteres de aminoácidos no mundo atual (Kleinkauf & von Döhren, 1987). Esta reação pode ser reproduzida na ausência de um catalisador sob condições muito simples (Wieland, 1988).

Seja qual for o mecanismo envolvido, acredito que a argumentação a favor da congruência e intervenção de peptídeos catalisadores no mundo pré-RNA se apóia em uma sólida base teórica. Ela poderia ser testada no laboratório com misturas de peptídeos sintetizadas aleatoriamente. Catalisadores primitivos semelhantes a enzimas deveriam ser detectáveis nessas misturas.

Referências bibliográficas

CAIRNS-SMITH, A. G. *Genetic Takeover and the Mineral Origin of Life*. Cambridge: Cambridge University Press, 1982.

CRICK, F. H. C. The origin of the genetic code. *Journal of molecular Biology*, v.38, p.367-79, 1968.

DE DUVE, C. *Blueprint for a Cell*. Burlington, NC: Neil Patterson Publishers, Carolina Biological Supply Company, 1991.

______. The RNA world: before and after? *Gene*, v.135, p.29-31, 1993.

______. *Vital Dust*: Life as a Cosmic Imperative. New York: Basic Books, 1995.

EIGEN, M. et al. The origin of genetic information. *Scientific American*, v.244, p.88-118, 1981.

FOX, S. W., HARADA, K. Thermal copolymerization of aminoacids in a product resembling protein. *Science*, v.128, p.1214, 1958.

GILBERT, W. The RNA world. *Nature*, v.319, p.618, 1986.

JOYCE, G. F. The rise and fall of the RNA world. *New Biologist*, v.33, p.399-407, 1991.

KLEINKAUF, H., DÖHREN, H. von. Biosynthesis of peptide antibiotics. *Annual Reviews of Microbiology*, v.41, p.259-89, 1987.

MILLER, S. L. The prebiotic synthesis of organic compounds as a step toward the origin of life. In: SCHOPF, J. W. (Ed.) *Major Events in the History of Life*. Boston, MA: Jones and Bartlett, 1992. p.1-28.

ORGEL, L. E. The origin of polynucleotide-directed protein synthesis. *Journal of Molecular Evolution*, v.29, p.465-74, 1989.

WIELAND, T. Sulfur in biomimetic peptide synthesis. In: KLEINKAUF, H., DÖHREN, H. von, JACNICKE, L. (Ed.) *The Roots of Modern Biochemistry*. Berlin: Walter de Gruyter, 1988. p.213-21.

8

"O QUE É VIDA?": SCHRÖDINGER ESTAVA CERTO?

STUART A. KAUFFMAN[1]

Em Dublin, há meio século, uma importante figura da comunidade científica deste século penetrou, deu aulas a respeito e previu o futuro de uma ciência que não era a sua. O livro que resultou disso tudo, *O que é vida?*, leva o mérito de ter inspirado algumas das mentes mais brilhantes a adentrar a biologia no trabalho que gerou a biologia molecular (Schrödinger, 1944). A "pequena obra" de Schrödinger é, ela própria, tão brilhante quanto garante a sua reputação. Porém, meio século depois, e por ocasião da sua homenagem, talvez nos atrevamos a fazer uma nova pergunta: a tese central do livro está correta? Não quero desrespeitar uma mente tão extraordinária como a de Schrödinger, nem aqueles devidamente inspirados pela sua pessoa, ao sugerir que ele poderia estar errado, ou pelo menos ter sido incompleto. Ao contrário, como todos os cientistas motivados pelas suas idéias, eu também, é claro, procuro continuar a busca.

Sinto-me até mesmo hesitante em levantar as questões que vou levantar, pois também estou totalmente ciente de como as próprias respostas de Schrödinger estão profundamente enraizadas na nossa visão da vida desde Darwin e Weismann, e desde o desenvolvimento

1 Sante Fe Institute, 1660, Old Pecos Trail, Suite A, Santa Fe, NM 87501, USA.

da teoria do plasma germinativo, com o gene como o necessário e estável armazenador da variação hereditária: "Ordem a partir da ordem", respondeu Schrödinger. Os macrossólidos aperiódicos e o microcódigo de que Schrödinger falou tornaram-se o DNA e o código genético de hoje em dia. Quase todos os biólogos estão convencidos de que essas estruturas moleculares auto-replicáveis e esse microcódigo são essenciais à vida.

Confesso que não estou totalmente convencido. No seu cerne, o debate enfoca até que ponto as origens da ordem na biologia residem predominantemente nas estáveis estruturas de ligação das moléculas – a principal alegação de Schrödinger – ou na dinâmica coletiva de um sistema de tais moléculas. Schrödinger enfatiza, corretamente, o papel crítico da mecânica quântica, da estabilidade molecular, e a possibilidade de um microcódigo conduzindo a ontogenia. Eu, por outro lado, suspeito que embora as fontes ulteriores da auto-reprodução e da estabilidade necessárias para a variação hereditária, o desenvolvimento e a evolução exigem a estabilidade das moléculas orgânicas, elas talvez também exijam propriedades ordenadas, que emergem no comportamento coletivo de complexos sistemas de reações químicas de não-equilíbrio. Esses sistemas, vou sugerir, podem espontaneamente cruzar um limiar, ou mudança de fase, para além do qual se tornam capazes de auto-reprodução coletiva, evolução e comportamento dinâmico admiravelmente ordenado. As origens ulteriores da ordem necessária para o surgimento da vida e a evolução podem basear-se em novos princípios de comportamento coletivo nascente em sistemas de reações longe do equilíbrio.

Em resumo, prenunciando o que vem a seguir: enquanto os *insights* de Schrödinger estavam corretos sobre a vida atual, suspeito que ele foi incompleto em um sentido mais profundo. A formação de grandes sólidos aperiódicos contendo um microcódigo, a ordem a partir da ordem, pode não ser nem necessário nem suficiente para o aparecimento e evolução da vida. Por outro lado, certos tipos de dinâmica coletiva estável pode ser tanto necessário como suficiente. Gostaria de enfatizar que estou colocando estes tópicos para serem discutidos e não como conclusões estabelecidas.

O argumento de Schrödinger

Schrödinger inicia sua discussão ressaltando a noção de ordem macroscópica sustentada pela maioria dos físicos do seu tempo e de tempos anteriores. Essa ordem, ele nos diz, consiste de médias de um enorme conjunto de átomos ou moléculas. A mecânica estatística é o sistema intelectual apropriado para tal análise. A pressão de um gás retido em um volume é apenas o comportamento médio de grandes números de moléculas colidindo com e recuando das paredes do recipiente que as contém. O comportamento ordenado é uma média, ele não decorre do comportamento de moléculas individuais.

Mas o que explica a ordem nos organismos e, em particular, o que explica as raras mutações e a variação hereditária? Schrödinger então utiliza dados atuais para prever o número de átomos possivelmente envolvidos em um gene, estimando corretamente que não pode passar de alguns milhares. A ordem devida a médias estatísticas não é capaz de ajudar neste caso, ele argumenta, pois os números de átomos são muito pequenos para um comportamento confiável. Nos sistemas estatísticos, as magnitudes das flutuações esperadas variam inversamente com a raiz quadrada do número de eventos. Em dez lançamentos de uma moeda não viciada, 80% de "caras" não são surpreendentes; em dez mil lançamentos, 80% de "caras" seriam inacreditáveis. Em um milhão de eventos, Schrödinger ressalta, as flutuações estatísticas seriam de em torno de 0,001, algo em que não podemos confiar ao lidar com a ordem nos organismos.

A mecânica quântica, argumenta Schrödinger, vem socorrer a vida. Ela assegura que os sólidos tenham estruturas moleculares rigidamente ordenadas. Um cristal é o caso mais simples. Mas cristais são estruturalmente sem graça. Os átomos estão posicionados em um arranjo regular tridimensional. Se você conhece as posições dos átomos em uma "unidade de cristal" mínima, então você sabe onde todos os outros átomos estão no cristal inteiro. Isto supervaloriza a argumentação, é claro, porque podem existir defeitos complexos nos cristais, mas a observação é clara. Cristais têm estruturas muito regulares, de maneira que diferentes partes do cristal de alguma forma "dizem" todas a mesma coisa. Em instantes, Schrödinger irá transformar a idéia de "dizer" na idéia de "codificar". Considerando esse salto, um cristal regular não pode codificar muita informação. Toda a informação está contida na unidade célula.

Se os sólidos possuem a ordem necessária, porém sólidos periódicos como os cristais são excessivamente regulares, então a aposta de Schrödinger é nos sólidos aperiódicos. O material do gene, ele arrisca, é algum tipo de cristal aperiódico. A forma da aperiodicidade irá conter algum código microscópico que, de alguma maneira, controla o desenvolvimento do organismo. O caráter quântico do sólido aperiódico implicará que pequenas mudanças discretas, as mutações, irão ocorrer. A seleção natural, agindo nessas mudanças discretas, selecionará mutações favoráveis, como Darwin esperava.

Schrödinger estava certo. Seu livro merece a excelente reputação. Cinco décadas mais tarde conhecemos a estrutura do DNA. Existe, de fato, um código que conduz do DNA para o RNA e para a estrutura primária das proteínas. Isso teria sido um maravilhoso sucesso para qualquer cientista, mais ainda para um físico perscrutando a biologia.

Mas o *insight* de Schrödinger é necessário ou suficiente? A ordem reunida no cristal aperiódico de DNA é necessária ou suficiente para a evolução da vida, ou para a ordem dinâmica encontrada na vida atual? Nem uma coisa nem outra, suponho. As origens ulteriores da ordem podem até exigir a ordem discreta de ligações químicas estáveis derivada da mecânica quântica, mas elas se encontram em outro lugar. As origens ulteriores da ordem e da auto-reprodução podem estar no aparecimento de dinâmicas coletivamente ordenadas em sistemas complexos de reações químicas.

A parte principal deste capítulo contém duas seções. A primeira analisa brevemente se o aparecimento da própria vida poderia estar baseado não nas propriedades replicativas do DNA ou do RNA, mas sim em uma mudança de fase para conjuntos de moléculas coletivamente autocatalíticos em sistemas termodinâmicos abertos. A segunda examina o aparecimento da ordem dinâmica coletiva em redes complexas de elementos de processamento paralelo, os quais poderiam ser genes com atividades mutuamente reguladas ou polímeros catalíticos em um conjunto autocatalítico. Essas redes são abertas do ponto de vista termodinâmico, e a origem central da sua ordem reside na maneira como trajetórias dinâmicas convergem para pequenos atratores no espaço de fase do sistema.

Uma vez que pretendo sugerir que a convergência para pequenos atratores em sistemas termodinâmicos abertos é uma fonte de ordem importante nos seres vivos, desejo terminar esta seção introdutória delineando as bases da discussão de Schrödinger sobre leis estatísticas.

A questão central é simples: não existe convergência no espaço de fase apropriado em sistemas termodinâmicos fechados. O caráter das leis estatísticas resultantes reflete esta falta de convergência. Mas em alguns sistemas termodinâmicos abertos pode haver convergência maciça do fluxo dinâmico do sistema no seu espaço de fase, e ela pode gerar ordem de maneira suficientemente rápida para compensar as flutuações térmicas que sempre ocorrem.

A distinção crítica entre um sistema fechado em equilíbrio e um sistema aberto deslocado do equilíbrio é a seguinte: no primeiro caso, nenhuma informação é jogada fora. O comportamento do sistema fechado é, em última instância, reversível. Por causa disto, volumes de fase são conservados. Em sistemas abertos, informação é descartada no ambiente e o comportamento do subsistema de interesse não é reversível. Por conseguinte, o volume de fase do subsistema pode diminuir. Não sou um físico, mas tentarei esquematizar as questões de maneira simples e, espero, correta.

Considerem um gás confinado em um recipiente, fechado para trocas de matéria e calor. Cada arranjo microscópico possível das moléculas de gás é tão provável como qualquer outro. Os movimentos das moléculas são governados pelas leis newtonianas. Portanto, os movimentos são microscopicamente reversíveis e a energia total do sistema é conservada. Quando moléculas colidem, há troca de energia mas não há perda. A "hipótese ergódica", algo como um pequeno ato de fé, mas que funciona, afirma que à medida que essas colisões moleculares ocorrem o sistema total passeia com igual freqüência por todos os microestados possíveis no tempo. Portanto, a probabilidade de um sistema estar em qualquer microestado é exatamente igual ao número fracionário de microestados correspondentes àquele macroestado.

O teorema de Liouville enuncia que volumes no espaço de fase são conservados sob o fluxo de um sistema em equilíbrio. Para um sistema de N moléculas de gás, a posição e momento atuais de cada molécula em três dimensões espaciais pode ser representado por seis números. Conseqüentemente, em um espaço de fase $6N$-dimensional, o estado atual de todo o volume de gás pode ser representado por um único ponto. Considerem um conjunto de estados iniciais quase idênticos de um gás em um recipiente. Os pontos correspondentes ocupam algum volume no espaço de fase. O teorema de Liouville afirma que, à medida que as colisões moleculares ocorrem em cada cópia do recipiente de gás, o volume correspondente move-se, deforma-se e espalha-se pelo espaço de fase mas o volume total permanece constante. Não há convergência do fluxo no espaço de fase. Como o volume de fase é constante, então, dada a hipótese ergódica, as probabilidades de macroestados são apenas proporcionais aos números relativos de microestados dentro de cada macroestado, normalizadas pelo número total de microestados.

Suponham, por outro lado, que o fluxo do sistema no espaço de fase permitiu a contração progressiva do volume de fase inicial até um ponto, ou até um pequeno volume. Neste caso, o comportamento espontâneo do sistema iria fluir para alguma configuração única, ou para um número pequeno de configurações. A ordem iria emergir! Tal convergência, é claro, não pode acontecer em um sistema termodinâmico fechado em equilíbrio. Se assim fosse, a entropia, no sistema total, diminuiria em vez de aumentar.

Esse tipo de ordem pode vir à tona. É claro que o seu aparecimento exige, como condição necessária, que o sistema seja termodinamicamente aberto a uma troca de matéria e energia. A troca permite a perda de informação do subsistema de interesse para o seu ambiente. Um físico diria que "graus de liberdade" – as diversas maneiras das moléculas se moverem e interagirem – são perdidos no banho de calor do ambiente.

Portanto, o tipo de ordem dinâmica que procuramos pode apenas emergir em sistemas dinâmicos de não-equilíbrio, que foram denominados estruturas dissipativas por Prigogine. Remoinhos, reações de Zhabotinsky e células de Bénard, entre outros, são exemplos conhecidos atualmente. Entretanto, é essencial enfatizar que o afastamento do estado de equilíbrio por si mesmo é apenas uma condição necessária, mas não suficiente, para o aparecimento de uma dinâmica extremamente organizada. A legendária borboleta do Rio de Janeiro cujas asas ao bater dão origem ao caos no tempo pode reaparecer em muitas versões em sistemas químicos complexos de não-equilíbrio, gerando o caos que proibiria o surgimento e a evolução da vida. Na terceira seção deste capítulo vou retornar ao aparecimento do comportamento dinâmico coletivamente ordenado em sistemas abertos de não-equilíbrio.

A origem da vida como uma mudança de fase

O macrossólido aperiódico sobre o qual Schrödinger especulou é atualmente conhecido. Desde que Watson e Crick comentaram, com incerta modéstia, que o princípio de complementaridade da dupla hélice de DNA predizia seu modo de replicação, quase todos os biólogos têm-se concentrado em alguma versão de complementaridade do molde como necessária para o surgimento de sistemas moleculares autoreplicáveis. Os competidores favoritos atuais são moléculas de RNA ou algum polímero parecido. A esperança é que tais polímeros poderiam agir como moldes para a sua própria replicação na ausência de qualquer catalisador externo.

Até agora, os esforços para conseguir a replicação de seqüências de RNA na ausência de enzimas têm tido um sucesso limitado. Leslie Orgel, conferencista no Trinity College em Dublin e químico orgânico de destaque, tem trabalhado arduamente para conseguir essa replicação molecular (Orgel, 1987). Ele, mais que eu, poderia sumarizar as dificuldades. Mas, resumidamente, os problemas são muitos. A síntese abiótica de nucleotídeos é algo difícil de conseguir. Estes nucleotídeos gostam de se associar por ligações 2'-5' em vez das necessárias ligações 3'-5'. Deseja-se encontrar uma seqüência arbitrária das quatro bases normais de RNA e usar estas como molde para alinhar as quatro bases complementares por pareamento via pontes de hidrogênio, de tal maneira que os nucleotídeos alinhados formem as ligações 3'-5' corretas forjando-se a partir do molde inicial e o sistema cicle novamente produzindo um número exponencial de cópias. Ainda não funcionou. As dificuldades advêm de boas razões químicas. Por exemplo, uma fita simples que contém mais C do que G irá formar a segunda fita, conforme desejado. Mas a segunda fita, mais rica em G do que C, tende a formar ligações G-G que fazem que o enovelamento da molécula ocorra de maneiras que impedem sua atuação como novo molde.

Com a descoberta das ribozimas e a hipótese de um mundo de RNA, uma nova e atraente expectativa é que o RNA possa agir como uma polimerase, capaz de copiar a si mesma e a qualquer outra molécula de RNA. Jack Szostak, na Faculdade de Medicina de Harvard, está tentando criar uma tal polimerase *de novo*. Se ele for bem sucedido, será um *tour de force*. Mas não estou convencido de que essa molécula contém a resposta para o aparecimento da vida. Parece ser uma estrutura um tanto rara para ter sido formada ao acaso como a primeira "molécula viva". E, caso tivesse sido formada, não estou convencido de que poderia ter evoluído. Uma molécula desse tipo, como qualquer enzima, cometeria erros ao replicar a si mesma e portanto daria origem a cópias mutantes. Estas competiriam com a ribozima polimerase "selvagem" para replicá-la e tenderiam a ser mais propensas a erros. Portanto, as polimerases RNA mutantes tenderiam a gerar seqüências de RNA ainda piores como mutantes. Uma desenfreada "catástrofe de erros", do tipo originalmente sugerido por Orgel sobre a codificação e tradução, poderia ocorrer. Não sei se esta catástrofe de erros chegaria realmente a acontecer, mas acredito que a questão merece ser analisada.

Quando consideramos a beleza simétrica da dupla hélice do DNA, ou uma hélice de RNA parecida, somos forçados a admitir a beleza simples da hipótese correspondente. Certamente estas estruturas foram as primeiras moléculas vivas. Mas isto é realmente verdade? Ou as raízes da vida poderiam encontrar-se em algo mais profundo? Vou explorar esta possibilidade a seguir.

Os seres vivos mais simples são os micoplasmas. Estas formas bacterianas derivadas contêm em torno de seiscentos genes codificando proteínas por meio da maquinaria convencional. Os micoplasmas têm membranas mas não possuem a parede celular bacteriana. Eles vivem em ambientes muito ricos, por exemplo, os pulmões da ovelha ou do homem, onde suas necessidades de uma grande variedade de pequenas moléculas exógenas são supridas.

Por qual razão as entidades vivas mais simples deveriam abrigar algo como seiscentos tipos de polímeros e um metabolismo com talvez mil pequenas moléculas? E como, afinal de contas, o micoplasma se reproduz? Vamos considerar a segunda pergunta primeiro, porque sua resposta é simples e vital. A célula do micoplasma se reproduz por um tipo de autocatálise coletiva. Nenhuma espécie molecular dentro do micoplasma se auto-replica realmente. Sabemos disto mas tendemos a ignorar o fato. O DNA do micoplasma é replicado graças às atividades coordenadas de uma multidão de enzimas celulares. Estas, por sua vez, são sintetizadas a partir de seqüências de RNA convencionais. Como sabemos, o código é traduzido de RNA para proteína apenas com a ajuda de proteínas codificadas – a saber, as aminoacil-sintetases que devidamente ativam cada RNA transportador, a ser usado pelo ribossomo na montagem da proteína nascente. A membrana da célula tem suas moléculas formadas por catálise a partir de intermediários metabólicos. Todos conhecemos esta história. Nenhuma molécula no micoplasma se auto-replica. O sistema como um todo é coletivamente autocatalítico. Cada espécie molecular tem sua formação catalisada por alguma molécula presente no sistema ou então é suprida de fora como "alimento".

Se o micoplasma é coletivamente autocatalítico, também o são todas as células de vida livre. Em nenhuma célula uma molécula se auto-replica de fato. Então vamos perguntar por que a complexidade mínima encontrada em células de vida livre é da ordem de seiscentos polímeros protéicos e de cerca de mil pequenas moléculas. Não temos uma resposta. Vamos perguntar por que deveria existir uma complexidade mínima segundo a hipótese convencional de que seqüências de

RNA simples fita poderiam servir de molde e ter a capacidade de replicar-se sem outras enzimas. Mas esta hipótese não pode explicar de forma mais profunda por que se observa uma complexidade mínima em todas as células de vida livre. É apenas a simplicidade do gene replicante "nu" que nos recomenda esta familiar hipótese. Tudo o que poderíamos responder é que, 3,45 bilhões de anos mais tarde, aconteceu de as células de vida livre mais simples terem a complexidade do micoplasma. Não temos uma razão mais profunda, apenas mais uma história evolucionária do tipo "assim é".

Agora vou abordar, de forma breve, uma série de trabalhos que realizei ao longo dos últimos 8 anos, sozinho ou em associação com meus colegas (Kauffman, 1971/1986/1993; Farmer et al., 1986; Bagley, 1991; Bagley et al., 1992). Idéias semelhantes foram apresentadas independentemente por Rossler (1971), Eigen (1971) e Cohen (1988). O conceito central é que, em sistemas suficientemente complexos de reações químicas, um nível crítico de diversidade molecular é interceptado. Ultrapassada esta diversidade, a chance de existir um subsistema que é coletivamente autocatalítico passa a ser 1,0.

As idéias centrais são simples. Considerem um espaço de polímeros, incluindo monômeros, dímeros, trímeros e assim por diante. Falando concretamente, os polímeros poderiam ser seqüências de RNA, peptídeos ou outros tipos de entidades poliméricas. Mais para a frente, a restrição para polímeros será removida e iremos pensar em sistemas de moléculas orgânicas.

Suponham que o comprimento máximo do polímero que vamos considerar seja M. E deixem M aumentar. Contem o número de polímeros do sistema, desde monômeros até polímeros de comprimento M. É simples perceber que o número de polímeros é uma função exponencial de M. Portanto, para vinte tipos de aminoácidos, a diversidade total de polímeros de comprimento até M é um pouco maior que 20^M. Para seqüências de RNA, a diversidade total é ligeiramente superior a 4^M.

Agora considerem todas as reações de clivagem e ligação no conjunto de polímeros de comprimento até M. Claramente, um polímero orientado como um peptídeo ou uma seqüência de RNA que tenha comprimento M pode ser produzido de M -1 maneiras a partir de seqüências menores, na medida em que qualquer ponte de ligação interna nesse polímero é um sítio onde fragmentos menores podem se ligar. Portanto, no nosso sistema de comprimento até M há exponencialmente muitos polímeros, mas existem ainda mais reações de clivagem e ligação pelas quais eles podem interconverter-se. De fato, à medida que M aumenta, a razão entre reações de clivagem e reações de ligação por polímero aumenta linearmente com M.

Definam um gráfico de reações dentro de um conjunto de polímeros. Em geral, poderíamos pensar em reações de um substrato e um produto, um substrato e dois produtos, dois produtos e um substrato e dois substratos e dois produtos. A transpeptidação e a transesterificação fazem parte das reações de dois substratos e dois produtos que podem ocorrer com peptídeos e seqüências de RNA. Um gráfico de reações consiste de um conjunto de substratos e produtos que podem ser representados por pontos ou nós espalhados em um espaço tridimensional. Além disso, cada reação pode ser designada por uma pequena e circular "caixa de reação". Setas dirigem-se do (s) substrato (s) para a caixa e da caixa para o (s) produto (s). Desde que todas as reações são na verdade fracamente reversíveis, as direções das setas servem apenas para indicar quais conjuntos de moléculas correspondem aos substratos e quais aos produtos em uma das duas direções em que a reação pode ocorrer. O gráfico de reações consiste desta inteira coleção de nós, caixas e setas. Ele mostra todas as reações possíveis entre as moléculas do sistema.

A implicação reconhecida anteriormente da combinatória química é que, à medida que a diversidade dos polímeros no sistema aumenta, a razão entre reações e moléculas também aumenta. Isto significa que a razão entre setas e caixas e os nós aumenta. O gráfico da reação torna-se cada vez mais denso, cada vez mais elaboradamente interconectado com possibilidades de reações à medida que a diversidade molecular do sistema cresce.

Em um sistema de reações desse tipo, algumas sempre ocorrem espontaneamente a uma certa velocidade. Peço aos leitores que ignorem as reações espontâneas por enquanto, para que seja possível concentrar nossa atenção na seguinte pergunta: *sob quais condições irá emergir um conjunto de moléculas coletivamente autocatalítico*? Estou prestes a mostrar que, segundo uma grande variedade de hipóteses sobre o sistema, conjuntos autocatalíticos irão surgir em uma certa diversidade que é crítica.

Começarei chamando a atenção para mudanças de fase bem conhecidas em gráficos aleatórios. Joguem dez mil botões no chão e comecem a conectar pares de botões ao acaso com linhas vermelhas. Esta coleção de botões e linhas é um gráfico aleatório. Colocado de maneira mais formal, um gráfico aleatório é um conjunto de nós conectados ao acaso com um conjunto de arestas. De vez em quando, façam uma pausa para levantar um botão e vejam quantos outros botões são levantados com ele; este conjunto conectado de botões é chamado componente do gráfico aleatório. Erdos e Renyi mostraram, algumas décadas atrás (1960), que tais sistemas passam por uma mudança de fase no momento em que a razão das arestas ultrapassa 0,5. Quando a razão é menor, quando o número de arestas é, digamos, 10% do número de nós, qualquer nó se encontra direta ou indiretamente conectado com apenas alguns poucos nós. Mas quando a razão de arestas para nós é 0,5, então repentinamente a maioria dos nós passa a estar conectada em um gigantesco e único componente. De fato, se o número de nós fosse infinito, o tamanho do componente maior iria saltar descontinuamente de muito pequeno a infinito quando a razão de arestas para nós ultrapassasse 0,5. O sistema exibe uma mudança de fase de primeira ordem. A questão a ser captada é simples: quando há suficientes nós conectados, mesmo ao acaso, um gigantesco componente interligado literalmente se cristaliza.

Precisamos apenas aplicar esta idéia ao nosso gráfico de reações. Pensando no que vem mais à frente, vamos nos concentrar em reações catalisadas. Iremos precisar de uma teoria sobre quais polímeros catalisam quais reações. Dada uma variedade de tais teorias, notaremos uma conseqüência simples: à medida que a diversidade das moléculas no sistema aumenta, a razão entre reações e moléculas também aumenta. Portanto, para quase qualquer modelo de quais polímeros catalisam quais reações, quase todo polímero irá catalisar pelo menos uma reação em um certo nível de diversidade. Nesta diversidade crítica, um gigantesco componente de reações catalíticas conectadas irá se cristalizar no sistema. Se os polímeros que agem como catalisadores forem também os próprios produtos das reações catalisadas, o sistema se tornará coletivamente autocatalítico.

Mas este passo é fácil. Considerem um modelo simples, na verdade um modelo supersimplificado, de quais polímeros catalisam quais reações. Vou tornar menos rígida a idealização que farei mais adiante. Assumam que qualquer polímero tem uma probabilidade fixa, digamos que uma em um bilhão, de ser capaz de agir como catalisador para qualquer reação escolhida aleatoriamente. Agora considerem nosso gráfico de reações em um ponto onde a diversidade das moléculas no sistema é tal que existam bilhões de reações para cada molécula. E considerem que as moléculas em questão são polímeros que, por sua vez, são eles mesmos candidatos a catalisar as reações entre eles. Neste caso, cerca de uma reação por polímero será catalisada. Um gigantesco componente irá se cristalizar. Depois de pensar um pouco, fica claro que esse sistema quase certamente contém subsistemas coletivamente autocatalíticos. A auto-reprodução surgiu em uma dada diversidade crítica graças a uma mudança de fase no gráfico de reações químicas.

A Figura 2 mostra um destes conjuntos coletivamente autocatalíticos. O importante a salientar é a propriedade emergente quase inevitável de tais sistemas, e um certo holismo impenitente. Para uma diversidade menor, o gráfico de reações obtido contém apenas poucas reações catalisadas por moléculas. Nenhum conjunto autocatalítico está presente. À medida que a diversidade aumenta, um grande número de reações por moléculas do sistema é catalisado. Em um dado instante, durante o aumento da diversidade, uma rede conectada de reações vem à tona; ela abarca os próprios catalisadores. O fechamento catalítico é subitamente alcançado. Um "sistema vivo", auto-reproduzível pelo menos na sua idealização computacional, passa a existir.

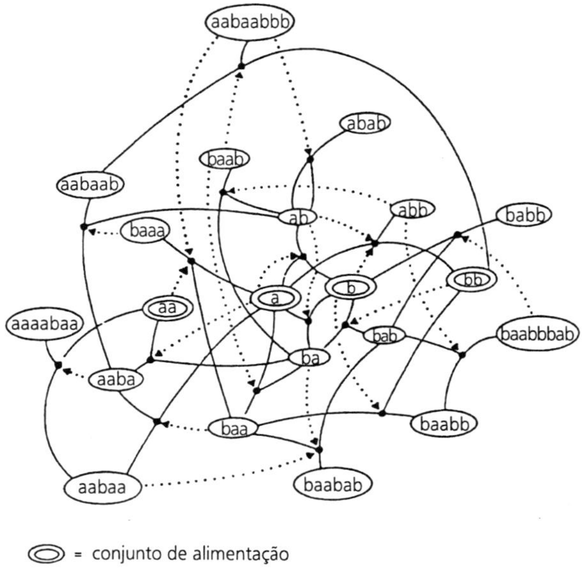

FIGURA 2 – Exemplo típico de um pequeno conjunto autocatalítico. As reações estão representadas por pontos conectando produtos de clivagem com seus correspondentes polímeros. As linhas pontilhadas indicam catálise e dirigem-se do catalisador para a reação sendo catalisada. Os monômeros A e B constituem o conjunto de alimentação que é conservado (elipses duplas).

E mais, esta cristalização requer uma diversidade crítica. Um sistema menos complexo simplesmente não alcança o fechamento catalítico. Começamos a ter um candidato para uma teoria profunda da diversidade mínima nas células de vida livre. Não há aqui uma história do tipo "assim é": sistemas mais simples não conseguem alcançar ou sustentar o fechamento autocatalítico.

A diversidade molecular total necessária para cruzar a mudança de fase depende de dois fatores principais: 1. a razão entre reações e moléculas e 2. a distribuição das probabilidades de moléculas no sistema catalisarem as reações entre elas próprias. A razão entre reações e moléculas depende da complexidade dos tipos de reações permitidas. Por exemplo, se considerarmos apenas as reações de clivagem e ligação entre peptídeos ou seqüências de RNA, então a razão entre reações e polímeros aumenta linearmente com o comprimento máximo (*M*) do polímero no sistema. Isto é fácil de visualizar em linhas gerais, porque um polímero de comprimento *M* pode ser feito de *M* -1 maneiras. À medida que *M* aumenta, a razão entre reações e polímeros aumenta proporcionalmente. Por outro lado, poderíamos considerar as reações de transpeptidação e transesterificação entre peptídeos ou seqüências de RNA. Neste caso, a razão entre reações e polímeros aumenta muito mais rápido do que linearmente. Por conseguinte, a diversidade das moléculas necessárias para o aparecimento de conjuntos autocatalíticos é muito menor. Falando mais concretamente, se a probabilidade de um polímero arbitrário ter catalisado uma reação arbitrária é uma em um bilhão, então cerca de 18 mil tipos de moléculas seriam suficientes para a emergência de conjuntos coletivamente autocatalíticos.

Os resultados que estamos discutindo são sólidos no tocante à superidealização de que qualquer polímero tem uma probabilidade fixa de poder funcionar como catalisador para qualquer reação. Um modelo alternativo (Kauffman, 1993) considera seqüências de RNA simples ribozimas em potencial e supõe que, para funcionar como uma ligase específica, a candidata a ribozima deve parear-se com um molde de três nucleotídeos 5'terminais em um substrato e três nucleotídeos 3'terminais em outro substrato. Não faz muito tempo, von Kiederowski (1986) gerou exatamente esse tipo de ligases específicas que na verdade formam pequenos conjuntos autocatalíticos! Um hexâmero liga dois trímeros que então constituem o hexâmero. Mais recentemente ainda, ele criou sistemas de catálise cruzada reproduzindo-se coletivamente (Comunicação Pessoal, 1994). De acordo com os resultados de von Kiederowski, no nosso sistema-modelo de RNA, que apresentamos para evidenciar o fato de que outras características além do pareamento com um molde podem ser necessárias para que o RNA candidato realmente funcione como um catalisador, Bagley e eu assumimos que qualquer candidato teria apenas uma chance em um milhão de poder funcionar como uma ligase específica. Conjuntos coletivamente autocatalíticos ainda surgem em uma diversidade crítica de seqüências-modelo de RNA neste sistema. Presumivelmente, os resultados são firmes e permanecerão válidos para uma grande variedade de modelos sobre a distribuição de capacidades catalíticas entre conjuntos de polímeros ou outras moléculas orgânicas. Voltarei em breve a discutir caminhos experimentais para tentar criar tais sistemas coletivamente autocatalíticos.

Se esta visão está correta, então o aparecimento da vida não depende das maravilhosas propriedades de molde do DNA ou RNA, ou de outros polímeros parecidos. Pelo contrário, as raízes da vida encontram-se na própria catálise e na combinatória química. Se esta visão está correta, então as vias para se chegar à vida podem ser amplas alamedas de probabilidades, não vielas secundárias de probabilidades baixas.

Mas os sistemas coletivamente autocatalíticos que descrevi podem evoluir? Eles podem evoluir sem um genoma no sentido mais familiar? E, caso possam, quais são as implicações disso para a nossa tradição desde Darwin, Weismann e, com certeza, Schrödinger? Porque se os sistemas auto-reproduzíveis podem evoluir sem um grande depósito molecular de informação genética, então a sugestão de Schrödinger sobre grandes sólidos aperiódicos não é necessária para o aparecimento e a evolução da vida.

Pelo menos em experimentos de computação, esses sistemas coletivamente autocatalíticos podem evoluir sem um genoma. Em primeiro lugar, deveria enfatizar que meus colegas Farmer & Packard e eu (1986) mostramos, utilizando condições termodinâmicas bastante realistas em reatores-modelo de fluxo com agitação, que sistemas autocatalíticos-modelo podem de fato emergir. Além disso, Bagley mostrou como parte da sua tese que tais sistemas podem alcançar e sustentar altas concentrações de grandes polímeros-modelo diante de uma tendência à clivagem no meio aquoso. E mais, eles podem "sobreviver" se o ambiente "de alimentação" é modificado de determinadas maneiras, mas são "mortos" – isto é, colapsam –, se outros alimentos são removidos do sistema do reator de fluxo. Talvez os resultados mais interessantes mostrem, no entanto, que tais sistemas podem evoluir até certo ponto sem um genoma. Bagley et al. (1992) lançaram mão da idéia razoável de que reações espontâneas que persistem no conjunto autocatalítico tenderão a dar origem a moléculas que não fazem parte desse conjunto. Estas moléculas originais formam uma nuvem de espécies moleculares ao redor do conjunto autocatalítico e estão presentes em concentrações maiores do que estariam de outra forma, graças à presença do conjunto autocatalítico. Este pode evoluir transpondo algumas das novas moléculas para dentro de si. Basta que uma ou mais das moléculas da nuvem oscilem até uma concentração modesta e que elas então auxiliem a catálise da sua própria formação a partir do conjunto autocatalítico. Se isto acontecer, o conjunto irá se expandir para incluir as novas espécies moleculares. Presumivelmente, caso algumas moléculas inibam reações catalisadas por outras moléculas, a adição de novos tipos moleculares irá, às vezes, causar a eliminação de tipos moleculares mais antigos.

Resumindo, pelo menos no computador, conjuntos autocatalíticos podem evoluir sem um genoma. Não usamos nenhuma grande e estável estrutura molecular transportando informação genética no sentido mais convencional. O conjunto das moléculas e das reações que elas podem sofrer e catalisar é que é o "genoma" do sistema. O comportamento dinâmico estável deste acoplado e auto-reproduzível sistema de reações é a hereditariedade fundamental que ele exibe. A capacidade de incorporar novas espécies moleculares, e talvez de eliminar formas moleculares mais antigas, representa a capacidade de variação hereditária. Darwin é quem então nos diz que tais sistemas evoluem pela seleção natural.

Se estas considerações estão corretas, então, proponho que o requisito de um grande sólido aperiódico como carreador estável da informação hereditária sugerida por Schrödinger não é necessário para o aparecimento da vida ou sua evolução. A ordem a partir da ordem, neste sentido, pode, resumindo, não ser necessária.

Finalmente, gostaria de mencionar de maneira breve algumas abordagens experimentais para estas questões. A pergunta fundamental é: se uma diversidade de polímeros suficientemente grande e as pequenas moléculas das quais são compostos, e mais algumas outras fontes de energia química, fossem agrupadas em um volume suficientemente pequeno sob condições adequadas, conjuntos coletivamente autocatalíticos iriam aparecer? Estas abordagens experimentais baseiam-se em novas possibilidades na área da genética molecular. Atualmente é factível clonar seqüências essencialmente aleatórias de

DNA, RNA e de peptídeos, criando uma enorme diversidade destes biopolímeros (Ballivet & Kauffman, 1985; Devlin et al., 1990; Ellington & Szostak, 1990). No momento, bibliotecas com diversidades de até trilhões de seqüências estão sendo exploradas. Portanto, pela primeira vez torna-se possível considerar a criação de sistemas de reações com essa altíssima diversidade molecular confinada em volumes pequenos, de tal forma que interações rápidas possam ocorrer. Por exemplo, esses polímeros poderiam estar confinados não apenas em reatores de fluxo contínuo com agitação mas em lipossomos, micelas e outras estruturas, que oferecem superfícies e um limite entre o meio interno e o externo. Considerando os conjuntos coletivamente autocatalíticos de von Kiederowski, elaborados com a sua inteligência de químico (Comunicação Pessoal, 1994), sabemos que tais conjuntos de moléculas podem ser formados *de novo*. A teoria da mudança de fase que esbocei sugere que sistemas de polímeros suficientemente complexos deveriam "cristalizar" redes coletivamente autocatalíticas de reações como uma propriedade espontânea e emergente, sem o inteligente projeto de estrutura em rede do químico.

O aparecimento da autocatálise coletiva depende da facilidade de gerar polímeros capazes de funcionar, simultaneamente, como substratos e como catalisadores. Isto não deveria ser extremamente difícil. A existência de anticorpos catalíticos sugere que para encontrar um anticorpo capaz de catalisar uma reação arbitrária talvez seja necessário analisar de um milhão a um bilhão de moléculas de imunoglobulinas. O sítio de ligação na região V da estrutura molecular de um anticorpo é quase um conjunto de vários peptídeos aleatórios, correspondentes às regiões que determinam o complemento, mantidos no lugar pelo resto da estrutura. Portanto, bancos de peptídeos ou polipeptídeos mais ou menos aleatórios são candidatos razoáveis a substrato e catalisador. De fato, trabalhos recentes em colaboração com meus estudantes de pós-graduação Thomas LaBean e Tauseef Butt mostraram que tais polipeptídeos aleatórios rapidamente tendem a se enovelar em um estado globular fundido, muitos dos quais apresentam dissociação e reenovelamento cooperativos sob condições denaturantes graduadas, o que sugere que capacidades modestas de enovelamento podem ser comuns em seqüências de aminoácidos (La Bean et al., 1990/1994). Os resultados também sugerem que polipeptídeos aleatórios poderiam ter uma variedade de funções associativas e catalíticas. Evidências anteriores a favor disto baseiam-se na exposição de hexapeptídeos aleatórios no capsídeo de fagos filamentosos. A probabilidade de encontrar um peptídeo capaz de ligar um anticorpo monoclonal produzido contra outro peptídeo é de aproximadamente uma em um milhão (Devlin et al., 1990; Scott & Smith, 1990; Cwirla et al., 1990). Desde que a combinação química com um ligante e a ligação do estado de transição de uma reação são semelhantes, estes resultados, somados ao sucesso em encontrar anticorpos catalíticos, sugerem que peptídeos aleatórios podem catalisar reações entre peptídeos cu outros polímeros com considerável rapidez. Seqüências aleatórias de RNA também são candidatos interessantes. Dados recentes obtidos durante a procura de seqüências que se associam a um ligante arbitrário em bancos aleatórios de RNA sugerem que a probabilidade de sucesso é em torno de uma em um bilhão (Ellington & Szostak, 1990). Dados mais recentes ainda obtidos na busca de seqüências de RNA capazes de catalisar uma reação sugerem a probabilidade de aproximadamente uma em um trilhão. Talvez acabe sendo mais fácil encontrar seqüências aleatórias de peptídeos com capacidade para catalisar uma reação arbitrária. Estes resultados, juntamente com as estimativas grosseiras dc número de reações que tais sistemas proporcionam, sugerem que diversidades de talvez 100 mil a 1 milhão de seqüências poliméricas de comprimento 100 poderiam alcançar a autocatálise coletiva.

As fontes da ordem dinâmica

Se a sugestão de Schrödinger não é necessária para o aparecimento da vida, será pelo menos verdade que o grande sólido aperiódico de DNA é ou necessário ou suficiente para a variação hereditária? A resposta, tentarei mostrar em mais detalhes do que as esquematizações anteriores, é "não". O microcódigo que o grande sólido aperiódico possibilitou obviamente não é suficiente para garantir a ordem. O genoma especifica uma vasta rede de atividades de processamento paralelo. O comportamento dinâmico de uma rede destas poderia ser catastroficamente caótico, barrando aos comportamentos extremamente variáveis do sistema codificado qualquer herança selecionável. Ter um código em uma estrutura estável como o DNA não pode, em si, assegurar que o sistema codificado se comporte de maneira suficientemente ordenada para uma variação hereditária selecionável. Além do mais, vou sugerir que a codificação em um macrossólido aperiódico estável como c DNA não é necessária para alcançar o comportamento dinâmico estável exigido para a variação hereditária selecionável, tanto de conjuntos coletivamente autocatalíticos primitivos como de organismos mais avançados. O que talvez seja preciso é um certo tipo de sistema termodinâmico aberto capaz de demonstrar uma forte convergência no seu espaço de estado em direção a atratores dinâmicos pequenos e estáveis. O sistema aberto, visto de outra forma, deve ser capaz de descartar informação, ou graus de liberdade, de maneira suficientemente rápida para contrabalançar flutuações térmicas e outras.

Agora vou sumarizar rapidamente o comportamento de redes aleatórias booleanas. Elas foram inicialmente introduzidas como modelos dos sistemas de regulação genômica coordenando as atividades de milhares de genes e seus produtos dentro de cada célula de um organismo em desenvolvimento (Kauffman, 1969). Estas redes são exemplos de sistemas de não-equilíbrio altamente desordenados e de processamento paralelo, e tornaram-se alvos de crescente interesse entre físicos, matemáticos e outros especialistas (Kauffman, 1984/1986/1993; Derrida & Pommeau, 1986; Derrida & Weisbuch, 1986; Stauffer, 1987).

As redes aleatórias booleanas são sistemas termodinâmicos abertos, afastados do equilíbrio por uma fonte exógena de energia. Elas são sistemas de variáveis binárias liga/desliga, cada qual sendo governada por uma regra lógica de acionamento denominada função booleana. As funções booleanas levam esse nome em homenagem a George Boole, um lógico da Grã-Bretanha que inventou a lógica matemática no século passado. Então, uma variável binária poderia receber entradas de duas outras e estar ativa no momento seguinte apenas se as entradas um E dois estiverem ambas ativas no momento anterior. Esta é a função lógica ou booleana E. Por outro lado, uma variável binária com duas entradas poderia estar ativa no momento seguinte se uma OU outra ou ambas as entradas estiverem ativas no momento presente. Esta é a função booleana OU.

A Figura 3a-c mostra uma pequena rede booleana com três variáveis, cada uma recebendo entrada das outras duas. Uma variável denota a função E, as outras duas denotam a função OU. Na classe mais simples de redes booleanas, o tempo é sincrônico. A cada momento cronometrado, cada elemento acessa as atividades das entradas, procura a resposta adequada na sua função booleana e assume o valor especificado. A rede também não recebe nenhuma entrada de fora no caso mais simples. Seu comportamento é totalmente autônomo.

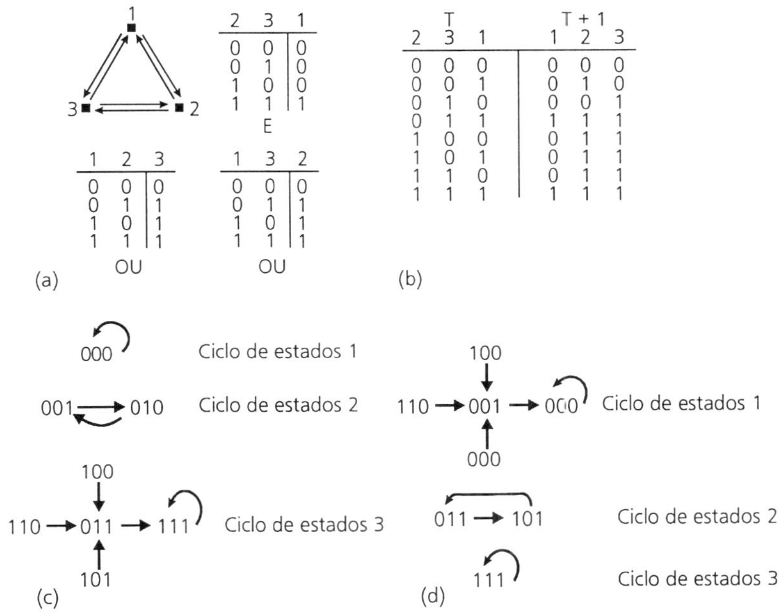

FIGURA 3 – (a) O diagrama de ligações em uma rede booleana com três elementos binários, cada qual uma entrada para os outros dois. (b) As regras booleanas de (a) reescritas para mostrar, para todos os $2^3 = 8$ estados no tempo T, a atividade assumida por cada elemento no momento seguinte, $T + 1$. Lida da esquerda para a direita, esta figura mostra o estado sucessor para cada estado. (c) O gráfico de mudança de estado, ou comportamento de campo, da rede booleana autônoma de (a) e (b) obtida mostrando-se transições de um estado para estados sucessores conectados por setas. (d) Efeitos da mudança da regra do elemento 2 de OU para E.

Enquanto a Figura 3a mostra o diagrama de ligações das interconecções entre as três variáveis, e a regra lógica booleana governando cada uma, a Figura 3b apresenta a mesma informação em um formato diferente. Definam um estado da rede inteira como as atividades atuais de todas as variáveis binárias. Portanto, se existirem N variáveis binárias, então o número de estados é apenas 2^N. No presente caso, com três variáveis, existem apenas oito estados. O conjunto de estados possíveis da rede constitui seu espaço de estado. A coluna do lado esquerdo da Figura 3b mostra esses oito estados. A coluna do lado direito mostra a resposta, no momento seguinte, de cada variável para cada possível combinação de atividades das suas entradas. Entretanto, uma outra maneira de lermos a Figura 3b é percebendo que as linhas da metade direita da figura correspondem às atividades seguintes das três variáveis. Desta forma, lendo da esquerda para a direita, a Figura 3b especifica, para cada estado da rede inteira, qual será seu estado sucessor.

A Figura 3c mostra o comportamento dinâmico integrado da rede inteira. Podemos derivá-la da Figura 3b marcando uma seta de cada estado para o seu único estado sucessor. Como cada estado tem um único estado sucessor, o sistema irá seguir uma trajetória de estados no seu espaço de estado. Como existe um número finito de estados, o sistema precisa eventualmente voltar para algum deles previamente encontrado. Mas então, desde que cada estado tem um único sucessor, o sistema irá a seguir ciclar repetidamente ao redor de uma série de estados recorrente que chamamos ciclo de estados.

Muitas propriedades importantes das redes booleanas dizem respeito a ciclos de estados do sistema e à característica das trajetórias que fluem em direção a eles. Entre essas propriedades, a primeira é o comprimento do ciclo de estados, que poderia ser ou um único estado que é levado em si mesmo formando um estado estacionário ou então um ciclo de estados que passa por todos os estados do sistema. O comprimento do ciclo de estados dá informações sobre o tempo de recorrência de padrões de atividades na rede. Qualquer rede booleana precisa ter pelo menos um ciclo de estados, mas pode ter mais de um. A rede na Figura 3c possui três. Cada um está em uma trajetória que flui para, ou é parte de exatamente um ciclo de estados. Portanto, ciclos de estados drenam um volume do espaço de estados chamado poço de atração. O próprio ciclo de estados é chamado um atrator. Uma analogia grosseira apresenta ciclo de estados como lagos e o poço de atração como uma bacia de drenagem fluindo para qualquer lago individual.

Um exame da Figura 3c mostra que as trajetórias convergem. Elas convergem uma na outra antes de alcançar um ciclo de estados ou, é claro, quando chegam a ele. Isto significa que estes sistemas descartam informação. Uma vez que trajetórias tenham convergido, o sistema não possui mais qualquer informação para discriminar a via pela qual chegou ao seu estado atual. Conseqüentemente, quanto maior a convergência no espaço de estado, maior a informação que o sistema está descartando. Veremos em breve que esta remoção do passado é essencial para o aparecimento da ordem nessas redes enormes.

Uma outra propriedade de interesse trata da estabilidade dos ciclos de estados ante perturbações mínimas, revertendo transitoriamente a atividade de qualquer variável individual. Examinando a Figura 3c, vemos que o primeiro ciclo de estados é instável para todas essas perturbações. Qualquer uma das perturbações deixa o sistema no poço de atração de um atrator diferente, para o qual o sistema então flui. O terceiro ciclo de estados, ao contrário, é estável para qualquer perturbação mínima e cada uma delas deixa o sistema no mesmo poço de atração, para o qual o sistema retorna cessada a perturbação.

Os regimes caóticos, os ordenados e os complexos

Depois de quase três décadas de estudos, ficou claro que as grandes redes booleanas se comportam em termos genéricos segundo um de três regimes, um caótico, outro ordenado e outro complexo nas proximidades da transição da ordem para o caos. Destes três, talvez o aparecimento de um regime ordenado coordenando as atividades de milhares de variáveis binárias é o mais atraente para os nossos propósitos. Esta ordem coletiva e espontânea, eu creio, pode ser uma das mais profundas fontes de ordem no mundo biológico.

Vou descrever o regime caótico, a seguir o ordenado e finalmente o regime complexo.

Antes de continuar, é importante caracterizar o tipo de questões que estão sendo colocadas. Estou interessado em compreender as propriedades típicas ou genéricas das grandes redes booleanas em diferentes classes de redes. Falando mais concretamente, vou me preocupar com redes que têm um grande número (N) de variáveis binárias. Vou considerar redes classificadas segundo o número de entradas (K) por variável. E vou considerar redes com tendências específicas no conjunto de possíveis funções booleanas de K entradas. Iremos ver que, se K é pequeno, ou se certas tendências são utilizadas, então mesmo vastas redes booleanas, ligando as atividades de milhares de variáveis, irão encontrar-se no regime ordenado. Portanto, o controle de poucos e simples parâmetros de construção será suficiente para assegurar que membros típicos da classe exibam ordem. A implicação evolucionária é imediata; o comportamento coordenado de números muito grandes de variáveis ligadas pode ser alcançado sintonizando parâmetros gerais muito simples do sistema como um todo. A ordem dinâmica em grande escala é muito mais disponível do que supúnhamos.

O objetivo do estudo das propriedades genéricas de classes de redes exige que membros aleatórios de uma classe sejam amostrados para a investigação. A análise de muitas dessas amostras aleatórias leva então à compreensão do comportamento típico de membros de cada classe. Portanto, iremos considerar redes booleanas construídas ao acaso. Uma vez feito isto, o diagrama de ligações e a lógica da rede estão fixados.

Vamos considerar primeiro o caso-limite onde $K = N$. Aqui, cada variável binária recebe entradas dela mesma e de todas as outras variáveis binárias. Existe, conseqüentemente, apenas um possível diagrama de ligações. Entretanto, tais sistemas podem ser amostrados da classe das possíveis redes $K = N$ atribuindo a cada variável uma função booleana aleatória nas suas N entradas. Essa função confere, ao acaso, uma resposta 1 ou 0 a cada configuração da entrada. Na medida em que isto é verdade para cada uma das variáveis N, uma rede aleatória $K = N$ atribui aleatoriamente a cada estado um estado sucessor entre os 2^N estados. Portanto, as redes $K = N$ são aplicações aleatórias de 2^N inteiros em si próprios.

As seguintes propriedades são obtidas em redes $K = N$. Primeiro, o comprimento esperado do ciclo de estados médios é a raiz quadrada do número de estados. Parem e pensem sobre as conseqüências disto. Uma pequena rede com duzentas variáveis teria então um ciclo de estados de comprimento 2^{100}. Isto corresponde aproximadamente a 10^{30} estados. Se fosse necessário apenas um microssegundo para o sistema passar de estado a estado, seriam necessários alguns bilhões de vezes o tempo da história do universo desde o *big bang* há 14 bilhões de anos para passar pelo ciclo de estados.

Os ciclos de estados longos em redes $K = N$ permitem-me levantar uma questão crítica sobre o argumento de Schrödinger. Pensem no genoma humano. Cada célula do corpo humano codifica em torno de 100 mil genes. Como sabemos, os genes regulam a atividade uns dos outros através de uma rede de interações moleculares. A transcrição é regulada por seqüências de DNA, tais como elementos promotores, seqüências do consenso TATA, elementos *enhancers*, e assim por diante. As atividades de promotores, por sua vez, são controladas por fatores de transcrição, freqüentemente proteínas codificadas por outros genes, que se difundem no núcleo ou célula, ligam-se a esses sítios e regulam seu comportamento. Indo além do genoma, a tradução é regulada por uma rede de sinais, assim como também as atividades de uma gama de enzimas, cujos estados de fosforilação governam as atividades catalíticas e de ligação. O estado de fosforilação, por sua vez, é controlado por outras enzimas, as kinases e as fosfatases, que são elas mesmas fosforiladas e desfosforiladas. O genoma e seu produto direto e indireto, em resumo, constituem uma rede complexa de interações moleculares. O comportamento coordenado deste sistema controla o comportamento celular e a ontogenia.

Suponham que o genoma especificasse redes regulatórias semelhantes à rede $K = N$. A escala de tempo para ativar ou desativar um gene é da ordem de um a talvez dez minutos. Vamos manter a idealização de que genes e outros componentes moleculares do sistema genômico de regulação são variáveis binárias. Um genoma com 100 mil genes, contendo a complexidade do genoma humano, é capaz de ter uma estonteante diversidade de padrões de expressão: $2^{100\,000}$. Os ciclos de estados atratores esperados em um sistema destes seriam "apenas" $2^{50\,000}$ ou $10^{15\,000}$. Para esboçar a escala, lembrem-se que um pequeno genôma-modelo com somente duzentas variáveis binárias exigiria bilhões de vezes a idade do universo para atravessar sua órbita; $10^{15\,000}$ não é um número cujo sentido possamos sequer grosseiramente compreender. Nenhum organismo poderia estar baseado em ciclo de estados de períodos tão inimaginavelmente vastos.

Para resumir, se o genoma humano, devidamente codificado por um sólido aperiódico chamado DNA, tivesse de especificar um sistema de regulação gênica do tipo $K = N$, a ordem conservada neste sólido iria dar origem a um comportamento dinâmico sem relevância biológica possível. A seleção devida a variações hereditárias exige um fenótipo repetido sobre o qual agir. Um sistema genômico cujos padrões de atividade gênica fossem uma sucessão de estados escolhidos ao acaso e que apenas se repetissem em $10^{15\,000}$ passos não poderia exibir esse fenótipo recorrente no qual a seleção pudesse operar de forma proveitosa.

As redes $K = N$ têm ciclo de estados cujo comprimento esperado cresce exponencialmente com o tamanho do sistema. Vou utilizar este crescimento para denotar um aspecto do comportamento caótico de tais sistemas.

Mas existe outro sentido do caos, próximo do mais familiar, que redes $K = N$ exibem. Estas redes mostram uma sensibilidade muito grande às condições iniciais. Pequeníssimas mudanças na condição inicial levam a mudanças enormes na dinâmica subseqüente. O estado sucessor de cada estado é escolhido aleatoriamente entre os possíveis estados. Considerem dois estados iniciais que diferem na atividade de apenas uma de N viariáveis binárias. Os estados (000000) e (000001) são um exemplo. A distância de Hamming entre dois estados binários é o número de *bits* diferentes. Neste caso, a distância de Hamming é 1. Se ela for dividida pelo número total de variáveis binárias, seis neste exemplo, a fração de sítios que são diferentes, 1/6 neste caso, é uma distânca de Hamming normalizada. Considerem dois estados iniciais que diferem em um único *bit*. Seus estados sucessores são escolhidos aleatoriamente entre os possíveis estados da rede. Portanto, a distância de Hamming esperada entre os estados sucessores é apenas a metade do número de variáveis binárias. A distância normalizada salta de $1/N$ para ½ em uma única mudança de estado. Em resumo, redes $K = N$ apresentam a máxima sensibilidade possível às condições iniciais.

Continuando minha divergência, se é que é isso, com relação ao tema propulsor do livro de Schrödinger, caso o genoma humano fosse uma rede do tipo $K = N$, não apenas as órbitas dos seus atratores seriam incrivelmente longas, mas, além disso, as menores perturbações levariam a alterações catastróficas no comportamento dinâmico do sistema. Uma vez tendo o contra-exemplo do regime ordenado, fica intuitivamente óbvio que sistemas do tipo $K = N$ bem dentro do regime caótico não podem ser o modo pelo qual o sistema de regulação genômica está organizado. Mais importante que tudo, a seleção trabalha com variações hereditárias. Nas redes $K = N$, alterações de pequena ordem da sua estrutura ou lógica também causam estragos em todas as trajetórias e atratores do sistema. Por exemplo, a deleção de um único gene elimina metade do espaço de estados, especificamente os estados em que o gene está ativo. Isto resulta em uma imensa reorganização do fluxo no espaço de estado. Os biólogos pensam sobre possíveis vias evolucionárias através de "monstros esperançosos". Essas vias são altamente improváveis. Redes $K = N$ poderiam evoluir apenas através de monstros impossivelmente esperançosos. Resumindo, redes $K = N$ não fornecem nenhuma variação hereditária útil sobre a qual a seleção possa agir.

Um comentário faz-se necessário sobre a palavra "caos". Sua definição é clara e estabelecida para sistemas com poucas equações diferenciais contínuas. Estes sistemas de baixa dimensionalidade caem sobre "atratores estranhos" onde o fluxo local é divergente porém permanece no atrator. Não se sabe ao certo, no momento, qual é a relação entre esse caos de baixa dimensionalidade em sistemas contínuos e o caos de alta dimensionalidade que estou descrevendo aqui. No entanto, ambos os comportamentos estão bem estabelecidos. Ao mencionar caos de alta dimensionalidade estarei referindo-me a sistemas com um grande número de variáveis onde os comprimentos das órbitas crescem exponencialmente com o número de variáveis e onde há sensibilidade às condições iniciais no sentido definido anteriormente.

Ordem de graça: apesar de as redes booleanas poderem abrigar milhares de variáveis binárias, uma inesperada e profunda ordem pode emergir espontaneamente. Acredito que ela seja tão poderosa que pode explicar grande parte da ordem dinâmica nos organismos. Ela vai emergir se parâmetros muito simples dessas redes forem vinculados de maneiras não complicadas. O mais simples a ser controlado é o parâmetro K, o número de entradas por variável. Se $K = 2$ ou menos, as redes típicas encontram-se no regime ordenado.

Imaginem uma rede com 100 mil variáveis binárias. A cada uma foram atribuídas $K= 2$ entradas aleatoriamente. O diagrama de ligações é uma mistura louca de interconecções sem lógica aparente, de fato sem qualquer lógica. A cada variável binária atribui-se ao acaso uma das 16 possíveis funções booleanas de duas variáveis, E, OU, SE, OU exclusivo etc. A lógica da rede é, por conseguinte, completamente aleatória. E no entanto a ordem se cristaliza.

O comprimento esperado do ciclo de estados nessas redes não é a raiz quadrada do número de estados, mas da ordem da raiz quadrada do número de variáveis. Portanto, um sistema com a complexidade do genoma humano, com cerca de 100 mil genes e $2^{100\ 000}$ estados, vai "sossegar" e ciclar entre apenas 317 estados. E 317 é um subconjunto infinitesimal do conjunto de $2^{100\ 000}$ estados possíveis. A localização relativa no espaço de estado é da ordem de $2^{-99\ 998}$.

As redes booleanas são sistemas termodinâmicos abertos. No caso mais simples, elas podem ser construídas por verdadeiros circuitos lógicos alimentados por uma fonte elétrica externa. No entanto, esta classe de sistemas termodinâmicos abertos exibe uma convergência maciça no espaço de estado, que aparece de duas maneiras. Em um sentido global, tais sistemas mostram uma extrema falta de sensibilidade às condições iniciais. O primeiro sinal de convergência é que a maioria das perturbações de um *bit* deixa o sistema em trajetórias que mais tarde convergem. Esta convergência ocorre mesmo antes que o sistema tenha chegado a atratores. Além disso, perturbações a partir de um atrator tipicamente deixam o sistema em um estado que flui de volta para o mesmo atrator. Em termos biológicos, os atratores espontaneamente exibem homeostase. Ambos os sinais de convergência são importantes. A estabilidade de atratores implica comportamento que pode ser repetido na presença de ruído. Mas a convergência de fluxo mesmo antes de alcançar atratores implica que o sistema no regime ordenado pode reagir a ambientes parecidos "da mesma maneira", mesmo que perturbações em andamento devidas às entradas ambientais persistentemente impeçam que o sistema chegue a um atrator. A convergência ao longo de trajetórias deveria permitir que esses sistemas se adaptassem com sucesso a um ambiente com ruído.

Essa homeostase, refletindo a convergência no espaço de estado, contrasta de forma marcante com a perfeita conservação do volume de fase em sistemas termodinâmicos fechados em equilíbrio. Lembrem-se que a teoria de Liouville assegura esta conservação, a qual, por sua vez, reflete a reversibilidade de sistemas fechados e a falta de descarte de informação para o banho de calor. Tal conservação é portanto subjacente à capacidade de prever probabilidades de macroestados pelo número fracional de microestados que contribui para cada macroestado.

A implicação mais importante da conservação do volume de fase nos sistemas em equilíbrio é a seguinte: Schrödinger corretamente chamou nossa atenção para o fato de que flutuações em qualquer sistema clássico variam inversamente com a raiz quadrada do número de eventos considerados. Quando temos um sistema em equilíbrio, essas flutuações têm uma certa amplitude. Entretanto, se considerarmos um sistema termodinâmico aberto com uma convergência maciça no espaço de estado, então essa convergência tende a contrabalançar as flutuações. Ela tende a empurrar o sistema em direção a atratores, enquanto as flutuações tendem a guiar o sistema aleatoriamente no seu espaço de possibilidades. Mas, se a convergência for suficientemente poderosa, ela pode confinar o passeio induzido pelo ruído a permanecer em uma vizinhança infinitesimal de atratores do sistema. Portanto, chegamos a uma conclusão crítica. As flutuações induzidas pelo ruído decorrentes do pequeno número de moléculas com as quais Schrödinger estava preocupado podem, em princípio, ser contrabalançadas pelo fluxo convergente em direção a atratores se esse fluxo for suficientemente convergente. A homeostase pode superar o fenômeno térmico.

Mas esta conclusão está no cerne da questão que levanto em relação a Schrödinger. Porque quero sugerir a possibilidade de que o uso, pelos organismos, de um sólido aperiódico como transportador da informação genética estável não é suficiente para garantir a ordem. O sistema codificado poderia ser caótico. E tal sólido tampouco é necessário. Em vez disso, o fluxo convergente de sistemas no regime ordenado é tanto necessário como suficiente para a ordem exigida.

Redes booleanas reticuladas e o limiar do caos

Uma simples modificação das redes booleanas aleatórias nos ajuda a compreender os regimes ordenados, os caóticos e os complexos. Em vez de pensar em um diagrama de ligação aleatório, considerem um reticulado quadrado onde cada sítio recebe entradas dos seus quatro vizinhos. Atribuam a cada sítio, que possui um valor binário, uma função booleana aleatória nas suas quatro entradas. Comecem o sistema em um estado inicial escolhido ao acaso e permitam que o reticulado evolua no tempo. A cada fração de tempo, qualquer variável pode mudar seu valor de 1 para 0 ou de 0 para 1. Se assim for, pintem essa variável de verde. Caso ela não mude de valor e permaneça 1 ou 0, pintem-na de vermelho. O verde significa que a variável está "aquecida" ou "movendo-se"; o vermelho quer dizer que a variável parou de mover-se e está "congelada".

Redes reticuladas aleatórias com quatro impulsos por variável encontram-se no regime caótico. Observando o reticulado, vemos que a maior parte dos sítios permanece verde; poucos tornam-se vermelhos. Mais precisamente, um verdadeiro "mar" verde gera ou percola através do reticulado, deixando para trás ilhas isoladas de vermelho "congelado".

Agora vou introduzir uma tendência entre todas as funções booleanas. Qualquer uma delas fornece um valor de saída (1 ou 0) para cada combinação de valores das suas *K* entradas. O conjunto de valores de saída poderia ser praticamente metade 1 e metade 0, ou poderia tender a ser 1 ou então 0. Seja *P* a medida desta tendência. *P* é a fração da combinação de entradas que dão origem aos valores mais freqüentes, sejam eles 1 ou 0. Por exemplo, para a função E, três das quatro configurações de entradas levam a 0 como resposta. A variável regulada é 1 no momento seguinte apenas quando ambos os impulsos são 1. *P* é, portanto, 0,75 neste caso. Ou seja, *P* é um número entre 0,5 e 1,0.

Derrida & Weisbuch (1987) mostraram que um reticulado booleano estará em um regime ordenado se as funções booleanas atribuídas aos seus sítios forem escolhidas aleatoriamente, sob o vínculo de que o valor de *P* em cada sítio é mais próximo de 1 que de um valor crítico. Para um reticulado quadrado, o valor crítico *Pc* é 0,72.

Considerem uma seqüência parecida em uma rede no regime ordenado, onde sítios em movimento mais uma vez são pintados de verde e sítios congelados são pintados de vermelho. Se *P* for maior que *Pc*, então inicialmente a maioria dos sítios será verde. Em pouco tempo, cada vez mais sítios congelam-se no seu valor dominante, 1 ou 0, e são pintados de vermelho. Um enorme mar vermelho gera ou percola através do reticulado, deixando para trás ilhas verdes isoladas de variáveis descongeladas que continuam a piscar segundo padrões complexos. Esta percolação do mar vermelho deixando ilhas verdes para trás é uma característica do regime ordenado.

Nessas redes reticuladas booleanas, uma mudança de fase acontece enquanto *P* varia de valores maiores a valores menores que *Pc*. Quando nos aproximamos da mudança de fase partindo dos valores maiores, as ilhas verdes aumentam de tamanho cada vez mais e eventualmente se fundem para formar um mar verde percolante. A mudança de fase ocorre exatamente no instante dessa fusão.

Pensando nesta imagem torna-se útil definir "dano". Ele corresponde aos distúrbios que se propagam na rede depois de reverter transitoriamente a atividade de cada sítio. Para estudar isto basta fazer duas cópias idênticas da rede e iniciá-las em dois estados, os quais diferem na atividade de uma única variável. Observem as duas cópias e pintem de roxo um sítio da cópia perturbada que em qualquer momento se encontre em um valor de atividade diferente do da sua cópia não perturbada. Neste caso, a mancha roxa espalhando-se para fora do sítio perturbado delimita o dano que avança a partir dele mesmo.

No regime caótico, assumam que um sítio no mar verde percolante seja danificado. Então, genericamente, uma mancha roxa se espalhará pela maior parte desse mar. De fato, o tamanho esperado do dano é comparável ao tamanho total do sistema reticulado (Stauffer, 1987). Reciprocamente, danifiquem um sítio no regime ordenado. Se ele estiver na estrutura vermelha congelada, virtualmente nenhum dano irá se expandir para fora. Se o sítio estiver em uma das ilhas verdes, um certo dano poderá espalhar-se por parte considerável de sua extensão mas não irá invadir a estrutura vermelha. Resumindo, a estrutura vermelha bloqueia a propagação do dano e portanto fornece grande parte da estabilidade homeostática do sistema.

Na mudança de fase, a distribuição de tamanho das avalanchas de dano é supostamente uma lei de potências, com muitas avalanchas pequenas e poucas grandes. A mudança de fase é o regime complexo. Além da típica distribuição de tamanho das avalanchas de dano, a convergência média ao longo de trajetórias que estão próximas da vizinhança de Hamming tendem, em média, a divergir uma da outra à medida que cada uma flui ao longo de sua trajetória. Esta é a "sensibilidade às condições iniciais" a que me referi anteriormente. No regime ordenado, estados próximos tendem a convergir um em direção ao outro, com freqüência fluindo na mesma trajetória antes de alcançar um atrator comum. No limiar da transição de fase para o caos, em média, estados próximos nem convergem nem divergem.

A hipótese de que sistemas complexos adaptáveis possam evoluir para o regime complexo no limiar do caos é atraente. As propriedades do regime do limiar do caos têm sugerido a vários pesquisadores (Langto, 1986/1992; Packard, 1988; Kauffman, 1993) que o regime de transição de fase, ou do limiar do caos, pode muito bem ser submetido a computações complexas. Considerando isto, a idéia é atraente. Suponham que queremos que um sistema desse tipo coordene o comportamento temporal complexo de sítios extremamente distanciados. No cerne do regime ordenado, as ilhas verdes que poderiam realizar uma seqüência de atividades mutantes estão isoladas uma da outra. Nenhuma coordenação pode ocorrer entre elas. No cerne do regime caótico, a coordenação tenderá a ser rompida por qualquer perturbação que desencadeie grandes avalanchas de mudança. Portanto, é muito provável que na proximidade da mudança de fase, talvez no regime ordenado, a capacidade de coordenar comportamentos complexos esteja otimizada.

Seria fascinante se esta hipótese fosse verdadeira. Começaríamos a ter uma teoria geral sobre a estrutura e lógica internas dos sistemas adaptativos complexos de processamento paralelo. Segundo tal teoria, a adaptação seletiva para a própria capacidade de coordenar o comportamento complexo deveria impulsionar a evolução de sistemas adaptativos em direção à mudança de fase, ou à sua vizinhança.

Tentativas preliminares começam a sustentar a hipótese de que sistemas complexos com freqüência podem evoluir não exatamente para o limiar do caos mas para um regime ordenado no limiar do caos. Para testar isso, meus colegas e eu, no Instituto de Santa Fé, permitimos que redes booleanas co-evoluam para "brincar" uma série de jogos. Em todos os casos, os jogos incluem a percepção das atividades dos outros elementos das redes e a geração de uma resposta adequada para algumas das variáveis de saída de uma rede. Essa co-evolução nos permite então alterar os parâmetros K, P e outros para otimizar, em cada jogo, o sucesso pela seleção natural. Bem resumidamente, essas redes de fato melhoram dentro do conjunto de jogos a que as submetemos. Como sempre, uma busca evolucionária destas sempre ocorre na presença de processos estocásticos de deriva genética mutacional que tendem a dispersar uma população em adaptação ao longo do espaço de possibilidades que ela explora. Apesar desta tendência à deriva, existe outra forte tendência a evoluir em direção a uma posição dentro do regime ordenado que não se encontra muito afastada da transição para o caos. Mais sucintamente, tentativas preliminares sustentam a hipótese de que uma grande variedade de sistemas de processamento paralelo irá evoluir para um regime próximo da mudança de fase para poder coordenar tarefas complexas.

Trabalhos futuros neste campo irão examinar a questão central daquilo que levanto em relação a Schrödinger. Duas fontes de "ruído" poderiam ocorrer nesse tipo de redes booleanas criadas para usar nos jogos. A primeira se origina das entradas que chegam de outras redes. Estas entradas externas desviam cada sistema da sua trajetória atual e portanto perturbam seu fluxo em direção a atratores. A segunda é o ruído térmico dentro de cada rede, o qual tenderá a perturbar o comportamento do sistema. Para compensar e alcançar a coordenação, supõe-se que tais sistemas se desviariam mais ainda em direção ao regime ordenado. Ali a convergência no espaço de estado é mais forte e portanto fornece um tamponamento mais poderoso contra o ruído externo. Sendo assim, podemos perguntar: quanta convergência é necessária para contrabalançar uma certa quantidade de ruído interno?

A mesma questão vem à tona em qualquer sistema cujo comportamento dinâmico seja controlado por um número pequeno de cópias de cada tipo molecular. Isso acontece em células atuais, onde o número de proteínas regulatórias e outras moléculas por célula freqüentemente está na faixa de uma cópia única. A mesma questão vem à tona nos sistemas coletivamente autocatalíticos que suspeito tenham se formado no início da vida. Como uma tal convergência no espaço de estado contrabalança flutuações devidas ao uso de poucas moléculas em um sistema dinâmico? E como a convergência exigida se compara à redução no número de cópias de cada tipo molecular no sistema-modelo? No que diz respeito aos conjuntos de moléculas coletivamente catalíticos, presumivelmente alguma convergência grande o suficiente no espaço de estado irá tamponar esse sistema contra flutuações causadas pelo número exponencialmente pequeno de cópias de cada tipo molecular no metabolismo em reprodução coletiva. Neste caso, a estrutura estável de grandes sólidos aperiódicos não é nem necessária nem suficiente à ordem exigida para o aparecimento da vida, ou das variações herdáveis onde a seleção pode agir com sucesso.

Ordem e ontogenia

Vimos que mesmo redes booleanas aleatórias podem espontaneamente exibir um inesperado e alto grau de ordem. Seria simplesmente tolo ignorar a possibilidade de que esta ordem espontânea possa ter seu papel no aparecimento e manutenção da ordem na ontogenia. Enquanto a evidência ainda é exploratória, acredito que a hipótese tem um embasamento considerável. Vou descrever resumidamente a evidência sobre redes de controle do genoma se encontrarem de fato no regime ordenado, talvez não muito longe do limiar do caos. Em primeiro lugar, se considerarmos exemplos conhecidos de genes regulados de vírus, bactérias e eucariontes, a maioria é diretamente controlada por poucas entradas moleculares, tipicamente 0 a, talvez, 8. É fascinante que, na idealização booleana do tipo liga/desliga, quase todos os genes regulados conhecidos são governados por um subconjunto tendencioso de funções booleanas possíveis, as quais há muito tempo denominei funções "canalizadoras" (Kauffman, 1971/1993; Kauffman & Harris, 1994). Neste caso, pelo menos uma entrada molecular tem um valor, 1 ou 0, o qual é suficiente para garantir que o *locus* regulado assuma um estado específico de saída, 1 ou 0. Portanto, a função OU de quatro entradas é canalizadora, pois a primeira entrada, se ativa, garante que o elemento regulado esteja ativo apesar das atividades das outras três entradas. As redes booleanas com mais de $K = 2$ entradas por elemento, mas confinadas em grande parte às funções canalizadoras, encontram-se genericamente no regime ordenado (Kauffman, 1993). Há alguns anos tenho interpretado os atratores de uma rede genética, os ciclos de estados, como tipos celulares no repertório do sistema genômico. Neste caso os comprimentos dos ciclos de estados predizem que os tipos celulares deveriam ser padrões recorrentes de expressão gênica muito restritos; predizem também que as células deveriam ciclar em centenas a milhares de minutos. Além disso, o número de atratores cresce com a raiz quadrada do número de variáveis. Se um atrator é um tipo celular, somos levados a prever que o número de tipos celulares em um organismo deveria crescer aproximadamente com a raiz quadrada do número dos seus genes. Isto parece ser qualitativamente correto. A estimativa de tipos celulares para os seres humanos, com cerca de 100 mil genes, teria um valor aproximado de 317. De fato diz-se que os humanos possuem 256 tipos de células (Alberts et al., 1993). E o número de tipos celulares parece crescer segundo uma relação que está entre uma função linear e uma função raiz quadrada da complexidade genética (Kauffman, 1993). O modelo prevê outras características, como a estabilidade homeostática dos tipos celulares. O componente vermelho congelado prediz, corretamente, que cerca de 70% dos genes deveriam estar nos mesmos estados fixos de atividade em todos os tipos celulares do organismo. Além disso, os tamanhos das ilhas verdes predizem razoavelmente bem as diferenças de padrões de atividade gênica em diferentes tipos de células do organismo. Parece plausível que a distribuição de tamanho de avalanchas possa prever a distribuição de alterações em cascata de atividades gênicas após perturbarmos as atividades de genes isolados escolhidos ao acaso. Finalmente, no regime ordenado, perturbações podem apenas desviar o sistema de um atrator para poucos outros. Se os atratores são tipos celulares, esta propriedade prevê que a ontogenia tem de estar organizada ao redor de vias ramificadas de diferenciação. Nenhum tipo celular deveria, nem de fato pode, diferenciar-se diretamente em todos os tipos celulares. Aqui está uma propriedade que presumivelmente se manteve verdadeira para todos os organismos multicelulares desde o período Cambriano ou antes dele.

Uma breve apresentação destas idéias é tudo o que o espaço permite. Resumindo-as de forma razoável neste momento: os sistemas de regulação genômica podem bem ser sistemas de processamento paralelo que estão no regime ordenado. Se este for o caso, então a típica convergência no espaço de estados de tais sistemas é a principal fonte da sua ordem dinâmica.

Mas existe uma implicação mais dramática da auto-organização que estou discutindo aqui. Desde Darwin, passamos a acreditar que a seleção é a única fonte de ordem na biologia. Os organismos, passamos a acreditar, são "engenhocas", casamentos *ad hoc* de princípios do projeto, acaso e necessidade. Considero esta visão inadequada. Darwin não conhecia o poder da auto-organização. De fato, nós mesmos mal vislumbramos esse poder. Tal auto-organização, desde a origem da vida até a sua dinâmica coerente, deve ter um papel essencial na história da vida e, na verdade, eu argumentaria, em qualquer história de vida. Mas

Darwin também estava certo. A seleção natural encontra-se sempre em ação. Portanto, precisamos repensar a teoria evolucionária. A história natural da vida é algum tipo de casamento entre auto-organização e seleção. Precisamos ver a vida de uma maneira nova e interpretar novas leis para seu desdobramento.

Sumário

Schrödinger, escrevendo antes que tivesse qualquer direito a adivinhar de forma tão profética, corretamente anteviu que a vida atual está baseada na estrutura de grandes sólidos aperiódicos. A estabilidade destes sólidos, ele previu, forneceria o material transportador da informação genética. O microcódigo contido nesse material iria especificar o organismo. As alterações quânticas no material seriam discretas, raras, e constituiriam as mutações. Ele estava certo sobre muita coisa da vida contemporânea.

Mas, de um ponto de vista mais fundamental, Schrödinger estaria certo sobre a vida em si? A memória estrutural do sólido aperiódico é necessária para qualquer vida? Certamente, no sentido mínimo de que moléculas orgânicas com ligações covalentes são pequenos "sólidos aperiódicos", o argumento de Schrödinger tem mérito geral. Pelo menos para a vida baseada no carbono, ligações com força suficiente são necessárias para ter estabilidade em um determinado ambiente. Mas são os comportamentos de grupos destas moléculas que constituem a vida na Terra e, pelo menos podemos presumir, são subjacentes a muitas formas de vida em potencial em qualquer lugar do universo. Os seres vivos constituem, na verdade, sistemas moleculares coletivamente autocatalíticos. Novas evidência e teoria, citadas anteriormente, sugerem que a emergência de sistemas moleculares auto-reproduzíveis não exige grandes sólidos aperiódicos. A evolução limitada de tais sistemas não requer, em princípio, grandes sólidos aperiódicos. Nem tampouco a ordem dinâmica e a variação hereditária são asseguradas por um sólido aperiódico que codifica a estrutura e algumas das interações de um grande número de outras moléculas. Pelo contrário, a variação hereditária em sistemas químicos auto-reproduzíveis onde a seleção natural pode admissivelmente agir exige estabilidade dinâmica. Isto, por sua vez, pode ser alcançado por sistemas termodinâmicos abertos, os quais convergem suficientemente nos seus espaços de estados para contrabalançar as flutuações que ocorrem porque apenas pequenos números de moléculas estão envolvidos.

Não é uma crítica a Schrödinger, por não ter considerado os comportamentos auto-organizados de sistemas termodinâmicos abertos. O estudo destes mal havia começado 50 anos atrás e não se encontra muito avançado hoje em dia. De fato, tudo o que podemos genuinamente dizer no momento é que os tipos de auto-organização que começamos a vislumbrar nesses sistemas podem mudar a nossa visão da origem e evolução da vida. Já é muito o que Schrödinger previu. Podemos apenas desejar que sua sabedoria estivesse presente hoje para ajudar mais ainda a sua e a nossa história.

Referências bibliográficas

ALBERTS, B. et al. *Molecular Biology of the Cell*. New York: Garland, 1983.

BAGLEY, R. J. *The functional self-organization of autocatalytic networks in a model of the evolution of biogenesis*. PhD. (thesis) – University of California, San Diego, 1991.

BAGLEY, R. J. et al. Evolution of a metabolism. *Artificial Life II*. A Proceedings Volume in the Santa Fé Institute in the Sciences of Complexity. LANGTON, C. G. et al. (Ed.). Reading, Massachusetts: Addison Wesley, 1992, v.10, p.141-58.

BALLIVET, M., KAUFFMAN, S. A. Process for obtaining DNA, RNA, peptides, polypeptides or proteins by recombinant DNA techniques (1985). International Patent Application, granted in France 1987, United Kingdom 1989, Gremany 1990.

COHEN, J. E. Threshold phenomena in random structures. *Disc. Appl. Math.*, v.19, p.113-8, 1988.

CWIRLA, P. et al. Peptides on phages. A vast Library of peptides for identifying ligands. *Proceedings of the National Academy of Sciences USA*, v.87, p.6378-82, 1990.

DERRIDA, B., POMMEAU, Y. Random networks of automata: a simple annealed approximation. *Europhysics Letters*, v.1, p.45-9, 1986.

DERRIDA, B., WEISBUCH, G. Evolution of overlaps between configurations in random Boolean networks. *Journal de Physique*, v.47, p.1297-303, 1987.

DEVLIN, J. J., PANPANIGAN, L. C., DEVLIN, P. A. Random peptide lybraries: a source of specific protein binding molecules. *Science*, v.249, p.404-6.

EIGEN, M. Self-organization of matter and the evolution of biological macromolecules. *Naturwissenschaften*, v.58, p.465-523, 1971.

ELLINGTON, A., SZOSTAK, J. In vitro selection of RNA molecules that bind specific ligands. *Nature*, v.346, p.818-22, 1990.

ERDOS, P., RENYI, A. *On the Evolution of Random Graphs*. Institute of Mathematics, Hungarian Academy of Sciences. Publication n.5, 1960.

FARMER, J. D., KAUFFMAN, S. A., PACKARD, N. H. Autocatalytic replication of polymers. *Physica*, v.22D, p.50-67, 1986.

KAUFFMAN, S. A. Metabolic stability and epigenesis in randomly connected nets. *Journal of Theoretical Biology*, v.22, p.437-67, 1969.

______. Cellular homeostasis, epigenesis and replication in randomly aggregated macromolecular systems. *Journal of Cybernetics*, v.1, p.71, 1971.

______. Emergent properties in random complex automata. *Physica*, v.10D, p.145-56, 1984.

______. Autocatalytic sets of proteins. *Journal of Theoretical Biology*, v.119, p.1-24, 1986.

______. *The Origins of Order*: Self Organization and Selection in Evolution. New York: Oxford University Press, 1993.

KAUFFMAN, S. A., HARRIS, S. 1994 (Manuscrito em preparação.)

LABEAN, T. et al. Design, expression and characterization of random sequence peptides as fusions with ubiquitin. *FASEB Journal*, v.6A471, 1992.

______. 1994 (Manuscript submitted.)

LANGTON, C. Studying artificial life with cellular automata. *Physica*, v.22D, p.120-49, 1986.

______. Adaptation to the edge of chaos. In Artificial Life II, A Proceedings Volume in the Santa Fé Institute Studies in the Sciences of Complexity. In: LANGTON, C. G. et al. Reading, M. A.: Addison-Wesley, 1992. v.10, p.11-92.

ORGEL, L. Evolution of the genetic apparatus: a review *In Cold Spring Harbor Symposium on Quantitative Biology (New York)*, v.52, Cold Spring Harbor Laboratory, 1987.

PACKARD, N. Dynamic patterns in complex systems. In: KELSO J. A. S., SHLESINGER, M. (Ed.) *Complexity in Biologic Modeling*. Singapore: World Scientific, 1988. p.293-301.

ROSSLER, O. A system-theoretic model of biogenesis. *A. Naturforsch*, v.B266, p.741, 1971.

SCHRÖDINGER, E. *What is Life?* Reprinted (1967) with Mind and Matter and Autobiographical Sketches. Cambridge: Cambridge University Press, 1944.

SCOTT, J. K., SMITH, G. P. Searching for peptide ligands with an epitope library. *Science*, v.249, p.386, 1990.

STAUFFER, D. Random Boolean networks: Analogy with percolation. *Philosophical Magazine*, v.B56, p.901-16, 1987.

Von KIEDEROWSKI, G. A self-replicating hexadesoxynucleotide. *Angewandte Chemie International Edition in English*, v.25, p.932-5, 1986.

9

POR QUE A NOVA FÍSICA É NECESSÁRIA PARA COMPREENDER A MENTE

ROGER PENROSE[1]

Por que a compreensão consciente não é computacional

A mentalidade humana tem muitas facetas. Pode bem ser que algumas delas possam ser explicadas pelos conceitos da física atual (comparar com Schrödinger, 1958) e, além disso, estar potencialmente abertas à simulação em computadores. Os defensores da inteligência artificial (IA) afirmariam que tal simulação é com certeza possível – pelo menos no que diz respeito a muitas das qualidades mentais basicamente relacionadas com a nossa inteligência. E mais, ela poderia ser utilizada para capacitar um robô a comportar-se, especificamente nesses aspectos, do mesmo modo que um ser humano. Os defensores da IA *forte* iriam mais longe e sustentariam que *toda* qualidade mental pode ser imitada – e eventualmente suplantada – pelas ações dos computadores eletrônicos. Eles também afirmariam que essa mera ação computacional deve provocar, no computador ou no robô, o mesmo tipo de experiências conscientes pelas quais nós passamos.

---

1 Mathematical Institute, 24-29 St Giles, Oxford OX1 3LB, UK.

Por outro lado, existem muitas pessoas que argumentariam o contrário: que certos aspectos da nossa mentalidade não podem ser tratados apenas em termos de computação. De acordo com essa visão, a consciência humana seria tal qualidade – ou seja, ela *não* é uma mera manifestação da computação. Na verdade, eu mesmo vou defender este argumento; mais do que isto, porém, vou argumentar que as ações que nossos cérebros realizam de acordo com nossas deliberações conscientes devem ser coisas que não podem nem mesmo ser *simuladas* em um computador – então, com certeza, a computação é incapaz, por si mesma, de gerar algum tipo de experiência consciente.

Para tornarmos estes argumentos mais precisos é necessário termos uma noção muito clara do que *significa* "computação". Na verdade, existe uma definição matematicamente exata deste termo, que pode ser dada pelas chamadas ações da *máquina de Turing*. Essa máquina é um computador matematicamente idealizado – de tal forma que ele pode funcionar indefinidamente sem desgastar-se ou ficar mais lento, de modo a nunca cometer erros e, principalmente, de modo a ter uma capacidade de armazenamento ilimitada (portanto, devemos imaginar que sempre será possível aumentar a capacidade de armazenamento caso exista o risco dela acabar). Não pretendo dar uma definição da máquina de Turing mais precisa do que esta, na medida em que todos nós estamos de alguma maneira familiarizados com a noção de "computador". (Para maiores detalhes, consultem, por exemplo, Penrose, 1989.)

Quanto à noção de "consciência", não vou tentar defini-la aqui. Tudo o que precisamos saber sobre ela é que, seja o que for, é alguma coisa necessariamente presente quando *compreendemos* algo – especialmente quando compreendemos um argumento matemático.

Por que alego que os efeitos da deliberação consciente não podem nem mesmo ser simulados através de procedimentos computacionais? Minhas razões derivam firmemente do conhecido teorema de Kurt Gödel (1931), o qual claramente implica que a compreensão matemática não pode ser reduzida a um conjunto de regras de computação conhecidas e totalmente aceitas como verdadeiras. É possível ir além disso e argumentar que nenhum conjunto de meros procedimentos de computação que podem ser aprendidos seria capaz de gerar um robô controlado por computador e dono de uma genuína compreensão matemática. Esses procedimentos poderiam incluir não apenas instruções algorítmicas "de cima para baixo", mas também alguns mecanismos de aprendizado "de baixo para cima", programáveis de forma menos rígida. Realmente, não é apropriado que eu entre em detalhes; os argumentos completos serão apresentados em outro lugar (Penrose, 1994).

Não seria razoável supor que existe algo particularmente especial sobre a compreensão da matemática em relação a outros tipos de compreensão humana, no que diz respeito a não ser computável. Por conseguinte, a não-computabilidade da nossa compreensão matemática deve implicar que *todo* tipo de compreensão humana também é alcançado por meios não computacionais. Parece-me igualmente não-razoável supor que outros aspectos diversos da consciência humana possam ser explicados computacionalmente mais do que a compreensão o pode. Por fim, acredito que animais não-humanos – pelo menos muitos tipos diferentes de animais – também possuem a qualidade de consciência e, conseqüentemente, também devem agir de acordo com regras não-computacionais.

Os dois níveis da ação física

Para fins da nossa discussão, daqui por diante, vamos assumir que nossos cérebros agem não-computacionalmente quando nos dedicamos a processos de pensamento consciente. Vamos aceitar também que as ações cerebrais são completamente governadas pelas mesmas leis da física subjacentes ao comportamento da matéria inanimada. Deparamo-nos então com o requisito de que devem existir ações físicas controladas por leis da física mas que em princípio não podem ser simuladas totalmente por computação. Quais poderiam ser essas ações?

Devemos primeiro tentar perceber se as leis atualmente compreendidas chegam a abarcar um comportamento não-computacional adequado. Se descobrimos que elas não nos oferecem o alcance de que precisamos, então devemos procurar além dessas leis para encontrar os processos não-computacionais necessários. Devemos também requerer um lugar plausível onde essa física não-computacional possa fornecer uma entrada-chave para o funcionamento dos nossos cérebros.

Qual é então o quadro que os físicos da atualidade oferecem – no que se considera ser a maneira precisa do mundo físico agir? Eles alegariam que, em um nível mais fundamental, as leis da mecânica quântica devem valer. Segundo a imagem que Schrödinger nos passa, o estado do mundo em qualquer dado instante poderia ser descrito por um *estado quântico* em geral representado pela letra Ψ (ou |Ψ⟩ segundo a notação de Dirac), o qual descreve uma combinação ponderada de todas as *possíveis* formas alternativas de comportamento do sistema em questão. Não é uma combinação ponderada de probabilidades, porque os fatores de ponderação são números complexos (isto é, números do tipo $a + ib$, onde $i^2 = -1$, a e b sendo números reais ordinários). Além disso, a evolução temporal do estado quântico é regida por uma equação determinística precisa, chamada *equação de Schrödinger*. Esta é uma equação *linear* que deixa os fatores de ponderação inalterados; na acepção mais comum, poderíamos certamente considerá-la fornecedora de uma evolução computável para o estado quântico. Portanto, neste sentido, a teoria quântica não nos oferece nada essencialmente não-computável.

Entretanto, a evolução de Schrödinger em si não nos dá um quadro do mundo que faça sentido no nível fenomenológico clássico (como o próprio Schrödinger teve o cuidado de enfatizar). Aparentemente, as regras da superposição linear quântica servem apenas para estados que diferem muito pouco um do outro. Dois estados muito diferentes entre si – como duas posições nitidamente distintas de uma bola de golfe – não parecem existir na superposição linear. Uma bola de golfe, por exemplo, ocupa um lugar ou outro, não se encontra em dois lugares ao mesmo tempo. Um elétron ou um nêutron, por outro lado, podem existir na superposição de duas localizações totalmente diferentes e simultâneas (com os fatores de ponderação complexos) e muitos experimentos foram realizados para confirmar esse tipo de coisa.

Por conseguinte, ao que parece, devemos considerar que existem dois níveis distintos de fenômenos físicos. De um lado, o nível *quântico* "em pequena escala", onde partículas, átomos, ou mesmo moléculas podem existir nessas estranhas superposições quânticas complexo-ponderadas. Do outro lado, o nível clássico, onde uma ou outra coisa podem acontecer mas sem combinações complexas de alternativas. Particularizando, a bola de golfe é um objeto do nível clássico.

Claramente, objetos do nível clássico como as bolas de golfe são eles próprios constituídos por componentes do nível quântico, como os elétrons e os prótons. Como é possível que exista um conjunto de regras para os componentes e outro para o objeto em si? Na verdade, esta é uma questão delicada e não de todo resolvida dentro do panorama da física atual. Vou ter de retornar a este tópico em breve; mas por agora é melhor apenas pensar que existem de fato dois níveis distintos de comportamento, cada um regido por leis diferentes.

Como estes níveis estão conectados?

No nível quântico, a descrição matemática de um sistema físico é dada pelo estado $|\Psi\rangle$ descrito anteriormente – às vezes chamado *função de onda*. Desde que o sistema permaneça nesse nível, dentro da perspectiva "schrödingeriana", ele evolui no tempo de acordo com a equação determinística e computável de Schrödinger. Vou designar esta evolução pela letra *U* (evolução unitária). No nível totalmente clássico, os objetos físicos são regidos pelas leis newtonianas (para os movimentos convencionais dos objetos comuns), as leis de Maxwell (para o comportamento de campos eletromagnéticos) e as leis de Einstein (quando as velocidades ou potenciais gravitacionais tornam-se maiores). Vou utilizar a notação *C* para indicar os tipos de evolução clássica. Novamente, essas leis são de natureza determinística, e também parecem ser basicamente *computáveis*. (Ao afirmar que *U* e *C* são "computáveis" não mencionei o fato de que ambas as noções operam com parâmetros contínuos e não com os parâmetros discretos relevantes para a computabilidade de Turing. Podemos supor que aproximações discretas e adequadas de *U* e *C* possam ser empregadas para esse fim, embora isto fique menos claro no caso de *C*, freqüentemente caótica, do que no caso da noção linear *U*.

Mas como lidar com processos que envolvem os dois níveis simultaneamente utilizando a teoria da física convencional? Suponham, por exemplo, que um sistema físico está tão delicadamente equilibrado que o comportamento de um dos seus componentes do nível quântico pode desencadear um efeito clássico em grande escala. Esta é exatamente a situação chamada "medida quântica" dentro da teoria quântica e exige um tipo de descrição diferente da que obtemos com a equação de Schrödinger. Chamamos a isto de uma *redução de vetor de estado* (ou colapso da função de onda), e eu vou denotá-la com a letra *R*. O procedimento matemático usual para descrever a "medida" na mecânica quântica envolve um "salto" instantâneo de um estado quântico a outro. Neste "saltar" do procedimento *R* é que todas as probabilidades e incertezas da evolução emergem; para um sistema que permanece totalmente no nível quântico, sua evolução é descrita pelo procedimento *U*, completamente determinista e computável.

Em cada medição quântica, os vários resultados possíveis são determinados pela natureza específica da medida que está sendo realizada. Tudo o que a teoria nos diz é que existem certas possibilidades atreladas a esses resultados, sendo elas determinadas pelo estado quântico medido. A teoria não faz nenhuma afirmação definitiva sobre *qual* dos possíveis resultados acontece (exceto em situações especiais onde as probabilidades são 1 ou 0). Quanto aos resultados das medições, distribuições de probabilidades são tudo o que a teoria nos oferece. Dentro das limitações estabelecidas por essas probabilidades, o comportamento do sistema é completamente *aleatório* toda vez que se faz uma medição.

Portanto, a teoria da física atual nos diz que, em geral, objetos deste mundo se comportam de maneira totalmente computável, mas que de tempos em tempos (isto é, quando uma "medição" – ou algo equivalente – ocorre) existe um ingrediente adicional totalmente aleatório no comportamento do sistema. Sem ele, qualquer comportamento de um sistema físico seria considerado *computacional*, no sentido de que seria possível fazer uma simulação na máquina de Turing que se aproxima do comportamento do sistema tanto quanto desejarmos. Portanto, um sistema físico geral pode ser considerado – em termos das descrições atuais – alguma coisa que se comporta como a máquina de Turing com um "aleatorizador".

Entretanto, um "aleatorizador", neste sentido, não nos diz *de fato* nada que vá além da computabilidade convencional de Turing. Na prática, o comportamento efetivamente aleatório pode ser alcançado pelos chamados procedimentos "pseudo-aleatórios", ou seja, procedimentos computacionais que se comportam como aleatórios para todos os efeitos. Normalmente o que faríamos é ter algum "cálculo caótico" que, embora de natureza totalmente computacional, dependeria de forma crítica de algum parâmetro inicial. Poderíamos escolher, por exemplo, o *tempo* preciso medido pelo relógio do computador como parâmetro inicial. Em termos práticos, o resultado do cálculo seria totalmente aleatório embora resultante de uma ação da máquina de Turing. Não faria nenhuma diferença usar uma computação pseudo-aleatória dessa natureza ou outra genuinamente aleatória.

Entretanto, o quadro da realidade física criado por algo que pode ser modelado de maneira precisa em uma máquina de Turing com "aleatorizador" – ou com uma entrada pseudo-aleatória – não fornece o tipo de *não-computabilidade* que, segundo os argumentos "gödelianos" da Seção I, são necessários para as ações de um cérebro consciente. Mas, será que a "aleatoriedade pura" da teoria convencional é *realmente* o que acontece em um sistema físico? O ponto mais fraco do quadro que a física fornece hoje, pelo menos no tipo de nível que poderia ser relevante para a ação cerebral, reside, na verdade, no processo aleatório *R*. Talvez o uso atual de um "*R*" totalmente aleatório funcione apenas como uma solução provisória. Na minha opinião, isso é o que acontece, e algumas novas inspirações e teorias da física serão necessárias para fazer a ponte entre *U* e *C*. De fato, aumenta entre os físicos (ainda uma minoria deles) o reconhecimento de que algo precisa ser feito.

O esquema da redução de estado GRW

Uma das mais promissoras sugestões recentes para modificar as regras da teoria quântica, de acordo com aspirações dessa natureza, é a de Giancarlo Ghirardi, Alberto Rimini & Tullio Weber (GRW). No seu esquema original (Ghirardi, Rimini & Weber, 1986), GRW propuseram que, embora a função de onda de uma partícula pudesse evoluir precisamente segundo a equação *U* de Schrödinger na *maior parte* do tempo, existiria uma pequena probabilidade dela sofrer uma "colisão", o que significa que esta função de onda seria multiplicada por outra função, com uma dependência espacial gaussiana. Existem dois parâmetros arbitrariamente escolhidos nesta teoria: um (chamem-no de λ) que determina a largura da função gaussiana e outro (chamem-no de τ) que determina a taxa de variação segundo a qual consideramos que as colisões ocorrem. A posição do pico da função gaussiana é tida como aleatória, mas com uma distribuição de probabilidade regida pelo módulo quadrado da função de onda no momento em que sofre a "colisão". Desta maneira, chega-se a um entendimento com a "regra do módulo-quadrado" padrão regendo as probabilidades da teoria quântica convencional.

Na proposta GRW original, o valor de τ é escolhido de maneira que uma partícula por si só sofra a "colisão" uma vez a cada 10^8 anos, aproximadamente. Portanto, para intervalos de tempo usuais, não haverá conflito com as descrições-padrão dadas pela mecânica quântica de partículas individuais (de onde se segue que, por exemplo, os experimentos de difração de nêutrons de Zeilinger et al. (1988) estão de acordo com GRW). Entretanto, para sistemas que envolvem grandes números de partículas, o fenômeno do *entrelaçamento quântico* (*quantum entanglement*) deve ser levado em conta. Vou descrever este fenômeno em breve, mas por enquanto devemos considerar que, na teoria quântica convencional, a função de onda de um sistema que envolve muitas partículas deve referir-se ao todo, não existindo uma função de onda para cada partícula individual. Portanto, para um objeto do nível clássico com um grande número de partículas (uma bola de golfe, por exemplo), assim que *uma* das suas partículas constituintes sofresse uma colisão, a *inteira* função de onda do objeto seria reduzida. No caso da bola de golfe, com um número de partículas de aproximadamente 10^{25}, o estado seria reduzido em menos de um nanossegundo. Conseqüentemente, um estado quântico que consistisse da superposição de uma bola de golfe em um lugar e a mesma bola em outro lugar seria reduzido *ou* ao estado quântico onde a bola assume um destes lugares *ou* ao estado quântico onde ela assume o outro lugar.

Desta maneira, o esquema GRW soluciona um dos problemas mais fundamentais da teoria quântica convencional: o *paradoxo do gato de Schrödinger* (Schrödinger, 1935a). Segundo este, um gato é colocado na superposição quântica de dois estados, em um dos quais ele está vivo, e no outro está morto. A teoria quântica-padrão – insistindo que a evolução de um estado quântico ocorre apenas de acordo com o processo U – nos diria que a superposição de gatos vivos e mortos deve persistir e não pode se resolver em um ou outro. Entretanto, de acordo com o esquema GRW, certamente haveria a resolução do gato em um ou outro estado – em uma escala de tempo bem menor que um nanossegundo.

Estados entrelaçados

Uma característica importante do esquema que acabo de citar é que sua dependência de um estado quântico envolvendo muitas partículas provavelmente é o que denominamos um *estado entrelaçado*. Vou exemplificar este tipo de situação em termo dos chamados fenômenos EPR (Einstein – Podolsky – Rosen). Eles também servem para enfatizar a natureza essencialmente *não local* dos estados quânticos em relação ao processo R.

Imaginem um estado inicial de spin 0 que decai para duas partículas, cada uma de spin ½ e movendo-se em direções opostas. Se escolhermos alguma direção particular no espaço e o spin destas duas partículas for medido nessa direção, então obteremos a resposta *oposta* para cada partícula – porque o estado combinado do spin é 0. Isto vale independentemente da direção escolhida.

Medidas mais complicadas também podem ser obtidas, onde uma direção *diferente* de spin é escolhida para cada uma de duas partículas. Em cada caso, a medida gera apenas a resposta "sim" ou "não" (porque uma partícula de spin ½ leva apenas um *bit* de informação no que se refere ao seu spin). Mas existem certas probabilidades conjuntas, determinadas pela teoria quântica convencional, para que as respostas para as duas partículas *concordem* ou *discordem* (de fato, 1 - cosθ: 1 + cosθ, onde θ é o ângulo entre os ângulos escolhidos).

Agora, segundo um teorema famoso de John Bell (1964), não há de fato como explicar de maneira "local" as probabilidades conjuntas que descrevem as predições da mecânica quântica para esses pares de medidas, onde cada partícula é considerada uma entidade individual. Devemos considerar que as duas partículas ainda estão, de alguma forma misteriosa, "conectadas" entre si até o momento em que uma medida é tomada em uma delas. Com efeito, temos uma situação onde, assim que se obtém a medida de *uma* partícula, imediatamente causa-se a redução do estado da outra partícula. Não podemos imaginar que o estado do par de partículas é dado pelo estado particular de cada uma delas; o par de partículas tem um estado quântico *entrelaçado*, nenhuma das partículas possui um estado próprio, separado.

O fenômeno do entrelaçamento quântico foi inicialmente descrito por Erwin Schrödinger (1935b) como uma característica geral dos sistemas quânticos. O teorema de Bell possibilitou a verificação experimental dos efeitos dos entrelaçamentos quânticos para grandes distâncias. Esses efeitos foram subseqüentemente observados por vários pesquisadores, e os estudos mais impressionantes foram os conduzidos por Alain Aspect e colaboradores (1982), que analisaram entrelaçados para distâncias de mais de 12 metros.

Qualquer objeto macroscópico, como o gato do experimento arquitetado por Schrödinger e descrito anteriormente, poderia ser um sistema entrelaçado. As partes individuais do corpo do gato não teriam estados próprios mas fariam parte de um estado entrelaçado do animal como um todo. Esta seria com certeza uma implicação das descrições da mecânica quântica convencional. Agora, o esquema GRW utiliza exatamente o mesmo tipo de descrições. Os entrelaçados quânticos são, de fato, uma característica deste esquema tanto quanto o são da mecânica quântica convencional. Assim sendo, no momento em que uma das partículas do corpo do gato de Schrödinger sofre uma "colisão" de GRW, o estado de todo o corpo do animal se reduz em virtude da mesma, de forma que ele se torna ou "morto" ou "vivo", em vez da superposição quântica destes dois estados.

O entrelaçamento com o ambiente

Na verdade, o estado do gato não estaria isolado do estado do seu ambiente, e teríamos de considerar que os entrelaçados não terminam nele, mas se estendem até esse ambiente. Além disso, muito mais partículas estariam envolvidas no ambiente perturbado do que no corpo do gato. Nas discussões convencionais sobre o processo de medição, o papel do ambiente de um sistema quântico é, de fato, considerado muito importante. Segundo o argumento-padrão, a informação quântica detalhada (nas chamadas "relações de fase") que diferencia uma superposição quântica de uma combinação de probabilidade ponderada simplesmente irá sumir no meio desses entrelaçamentos com o ambiente. Conseqüentemente, *na prática* – ou o que John Bell chamou de *FAPP* (*"for all practical purposes"* ou "para qualquer efeito prático") – uma superposição quântica vai se comportar como uma combinação de probabilidades ponderadas de alternativas assim que os entrelaçamentos com o ambiente aleatório se tornem significativos.

Entretanto, tudo o que este argumento consegue é a *coexistência* (*FAPP*) dos procedimentos *U* e *R* em vez da *dedução* de *R* a partir de *U* (que, falando mais estritamente, seria impossível de qualquer maneira, porque, se não por outra razão, o procedimento *U* simplesmente não menciona probabilidades). Ainda precisamos de algo mais que a meramente determinística evolução *U* dada por Schrödinger, se temos que explicar de que maneira os objetos físicos realmente se comportam (como o próprio Schrödinger teve o cuidado de enfatizar). Esquemas como o GRW tentam obter um quadro onde o processo fisicamente observado *R* – ou algo muito parecido com ele – torna-se parte da própria evolução física de um sistema.

De fato, no esquema GRW, normalmente as "colisões" ocorreriam primeiro no ambiente e os entrelaçamentos do ambiente com o sistema fariam com que o procedimento de redução *R* tivesse um efeito no próprio sistema. Por exemplo, uma molécula de DNA seria excessivamente pequena para que as "colisões" fossem significativas nos seus nucleotídeos individuais. Sem o papel adicional das "colisões" no ambiente entrelaçado, não haveria nada para determinar uma seqüência de nucleotídeos na fita de DNA em vez de apenas a superposição quântica de um certo número de nucleotídeos diferentes!

Um esquema gravitacional de redução que é não-computável?

Nada disto nos diz algo sobre o papel da não-computabilidade na ação física, uma necessidade que defendi veementemente na Seção I. Até agora, apenas chamei a atenção para uma importante lacuna na nossa compreensão física – especificamente na fronteira entre os níveis quântico e clássico – e mencionei uma determinada proposição (o esquema GRW) que tenta criar uma ponte entre estas duas visões teóricas. Eu argumentaria que existem boas razões para acreditar que a física que *realmente* vai agir como ponte resultará da união satisfatória entre a teoria quântica e a teoria geral da relatividade de Einstein. É consenso que tal união levaria necessariamente a mudanças na teoria gravitacional de Einstein (para escalas de distâncias diminutas); porém, existe a visão menos comum de que as regras convencionais da teoria quântica (*U*-) também precisarão mudar uma vez encontrada a união satisfatória, de forma que o fenômeno da redução do vetor de estado *R* se torne um fenômeno quântico-gravitacional (ver Komar, 1969; Károlyházy, 1974; Károlyházy et al., 1986; Diósi, 1989; Ghirardi et al., 1990; Penrose, 1989, 1993, 1994).

Se aceitarmos que a teoria que falta para substituir a solução provisória *R* deve ter um caráter gravitacional, então somos levados a certas estimativas de "ordem de grandeza" dos níveis e escalas de tempo em que *R* deveria de fato ocorrer. (Existem também algumas indicações indiretas – e um tanto preliminares – de que essa teoria poderia muito bem ter um caráter não-computacional; cf. Penrose, 1994).

Para ter alguma noção do nível em que esta teoria deveria começar para ser relevante, considerem a situação onde uma porção de material é colocada em uma superposição linear quântica de duas localizações diferentes. Vou supor que esta superposição é como uma partícula ou núcleo instável com uma certa meia-vida e dois modos de decaimento separados. Em um destes modos, o estado superposto decai para o estado em que a porção de material ocupa uma das duas localizações consideradas e no outro modo ele decai para o estado em que a porção ocupa a outra posição. Para estimar a meia-vida deste decaimento, consideramos a energia E necessária para afastar as duas instâncias da porção de material uma da outra, partindo da coincidência e indo até a separação que elas apresentam na superposição em questão, onde levamos em conta apenas o efeito do campo *gravitacional* de uma porção na outra (comparem também Diósi, 1989). Uma outra forma de colocar isto, assumindo que a porção de material se move rigidamente, é que E é a auto-energia gravitacional ou a *diferença* entre os campos gravitacionais newtonianos das duas instâncias da porção (cf. Penrose, 1994). A meia-vida de decaimento de um estado superposto para um ou outro estado de localização é então da ordem de:

$$T = \hbar/E,$$

onde $\hbar$ é a constante de Planck dividida por 2π.

Vamos examinar este critério em algumas situações simples. Se a porção de material fosse apenas uma única partícula nuclear, então (assumindo que o raio da partícula é da ordem de um fermi) obtemos um tempo de decaimento de cerca de 10^7 anos – semelhante ao obtido anteriormente com o esquema GRW. Para uma porção que tenha a densidade da água, temos que se o raio fosse de um micrometro, então T corresponderia a aproximadamente um vigésimo de segundo. Se o raio fosse 10^{-3} cm, então T seria menor que um milionésimo de segundo; para um raio de 10^{-5} cm, seria de algumas horas.

Entretanto, como argumentado anteriormente, estes seriam os tempos de redução apenas se a porção de material pudesse permanecer isolada do seu ambiente. Caso quantidades significativas de material do ambiente sejam perturbadas, então o tempo de redução poderá ser bem menor.

A proposição aqui é que para que este esquema de redução de estado exiba suficientes características não-computacionais, é necessário que a redução ocorra no *próprio sistema* – vou chamar isto de *auto-redução* – em vez de no ambiente. A idéia é que o ambiente é essencialmente aleatório, de forma que quaisquer características genuinamente não-computacionais seriam mascaradas por esta aleatoriedade, desde que a redução de estado no ambiente do sistema seja o que (devido a efeitos de entrelaçamento) reduz o estado do sistema em si. Em qualquer situação experimental normal, o ambiente é quem de fato controlaria a redução do estado, portanto não percebemos nada diferente de um comportamento aleatório normal tão eficientemente descrito pelo procedimento R da mecânica quântica convencional. Seria necessária uma estrutura cuidadosamente organizada para que suficiente isolamento quântico ocorresse e portanto a auto-redução se desse – antes que o ambiente aleatório passasse a controlar. É preciso ter uma organização deste tipo para que existam suficientes desvios *não-computacionais* do procedimento aleatório convencional R, como requerido segundo as considerações da Seção 1. Nenhum delineamento experimental da física chegou perto de obter o isolamento necessário até agora.

Relevância para a atividade cerebral consciente

Isto não significa que a própria Natureza não encontrou um caminho de acesso às condições necessárias. De fato, os argumentos da Seção 1 devem estar nos dizendo que, de alguma forma, ela *encontrou* esse caminho. A visão convencional da atividade cerebral é que ela pode ser totalmente compreendida em termos de sinais nervosos e ações sinápticas. A perturbação do ambiente pelos sinais nervosos é tão excessiva que não daria lugar a qualquer coisa próxima do isolamento de que precisamos para preencher os critérios da Seção 7. Mas, e quanto à ação sináptica? As forças de (pelo menos algumas) sinapses estão sujeitas a mudanças contínuas. O que controla essas mudanças? Parece que existem várias possibilidades e proposições distintas, mas a atividade de *microtúbulos* no citoesqueleto de neurônios parece ser um fator importante.

O que são microtúbulos? São pequenas estruturas semelhantes a tubos encontradas em células eucarióticas de maneira geral, e que exibem as mais diversas funções celulares. Por exemplo, parecem ser importantes no controle da locomoção em animais unicelulares – como é o caso na contínua mudança de forma de uma ameba. Eles estão presentes em neurônios individuais e controlam a forma ("amebóide") de um neurônio conectar-se com outro. Eles se estendem ao longo dos axônios (talvez não de maneira contínua) e dendritos, até a região muito próxima das sinapses em cada caso. Transportam várias moléculas ao longo dos seus comprimentos – particularmente as substâncias neurotransmissoras que são vitais para a propagação dos sinais nervosos através de sinapses.

Os microtúbulos compõem-se de uma proteína com formato de amendoim chamada *tubulina* (cujas dimensões aproximadas são 8 nm x 4 nm x 4 nm); as tubulinas estão organizadas segundo um arranjo hexagonal ligeiramente torcido. Cada tubulina é um "dímero", formado de dois componentes chamados "α-tubulina" e "β-tubulina". Um dímero de tubulina é capaz de existir em (pelo menos) dois estados diferentes – denominados "conformações", fato que aparentemente depende da localização de um elétron na posição central de uma "cavidade hidrofóbica" entre os dois componentes). Foi sugerido por Hameroff & Watt (1982; cf. também Hameroff, 1987) que essas conformações dão aos microtúbulos propriedades "de computador", onde duas conformações do dímero se comportam como os estados "liga" e "desliga", codificando os *bits* 1 e 0 de um computador. Sinais complicados poderiam propagar-se ao longo de microtúbulos de maneira semelhante à de um autômato celular.

Até agora, isto apenas fornece a potencialidade de ações *tipo-computador* com poder potencial muitíssimo maior do que seria se neurônios individuais fossem as únicas "unidades computacionais". (As conformações da tubulina agem cerca de milhões de vezes mais rápido que os sinais neuronais, e existem em torno de dez milhões de tubulinas por neurônio.) Entretanto, segundo a discussão anterior, precisamos de algo mais que isto, a saber, alguma margem para a ação *não-computacional* – uma ação que somente poderia surgir se um estado quanticamente coerente de grande escala puder ser mantido em um ambiente isolado por tempo suficiente para que o estado quântico (ou, pelo menos, partes do estado quântico) possa *autocolapsar* em vez de colapsar graças ao entrelaçamento com o ambiente. Os microtúbulos fornecem um sítio plausível para este tipo de ação física? Acredito que as perspectivas disto acontecer são boas. Lembrem-se que microtúbulos são *tubos*. Existe alcance para algum tipo de oscilação quântica acontecendo *dentro dos* tubos (Hameroff, 1974; Del Giudice et al., 1983; Hameroff, 1987; Jibu et al., 1994; cf. também Fröhlich, 1968), que poderia estar fracamente acoplada às ações conformacionais dos dímeros de tubulina ocorrendo ao longo dos tubos. As oscilações quânticas dentro de tubos provavelmente não envolveriam uma quantidade significativa de movimento de massa; mas podem surgir situações em que o acoplamento das conformações de tubulina torna-se suficientemente grande e gera suficiente movimento de massa para promover o autocolapso. O ponto de vista que apresento aqui é que existe uma não-computabilidade envolvida no autocolapso e que eventos conscientes se identificam de alguma forma com este processo.

Obviamente, há muita especulação nestas sugestões, mas parece-me que *alguma coisa* deste tipo faz-se necessária. Uma apresentação muito mais completa destes argumentos pode ser encontrada em Penrose (1994) e em um outro artigo em preparação de Hameroff e Penrose.

Referências bibliográficas

ASPECT, A., GRANGIER, P., ROGER, G. Experimental realization of Einstein-Podolsky-Rosen-Bohm Gedankenexperiment: a new violation of Bell's inequalities. *Physical Review Letters*, v.48, p.91-4, 1982.

BELL, J. S. On the Einstein-Podolsky-Rosen paradox. *Physics*, v.1, p.195-200, 1984. Reprinted in: WHEELER, J. A., ZUREK, W. H. (Ed.) *Quantum Theory and Measurement*. Princeton: Princeton University Press. 1983.

DEL GIUDICE, E. DOGLIA, S., MILANI, M. Self-focusing and ponderomitive forces of coherent electric waves – a mechanism for cytoscheleton formation and dynamics. In: FRÖHLICH, H., KREMER, F. (Ed.) *Coherent Excitations in Biological Systems*. Berlin: Springer. 1983.

DIÓSI, L. Models for universal reduction of macroscopic quantum fluctuations. *Physical Reviews*, v.A40 p.1165-74, 1989.

FRÖLICH, H. Long range coherent and energy storage in biologic systems. *International Journal of Quantum Chemistry*, v.II, p.641-9, 1968.

GHIRARDI, G. C., RIMINI, A., WEBER, T. Unified dynamics for microscopic and macroscopic systems. *Physical Reviews*, v.34, p.470, 1986.

GHIRARDI, G. C., GRASSI, R., RIMINI, A. Continuous-spontaneous-reduction models involving gravity. *Physical Reviews*, v.A42, p.1057-64, 1990.

GÖDEL, K. Uber formal unentscheidbare. Sätze der Principia Mathematica und verwandter Systeme I. *Monatsheftefür Mathematik und Physik*, v.38, p.178-98, 1931.

HAMEROFF, S. R. Chi: a neural hologram? *American Journal of Clinical Medecine*, v.2, n.2, p.163-70, 1974.

______. *Ultimate Computing*. Biomolecular Consciousness and Nano-Technology. Amsterdam: North Holland, 1987.

HAMEROFF, S. R., WATT, R. C. Information processing in microtubules. *Journal of Theoretical Biology*, v.98, p.549-61, 1982.

JIBU, M., HAGAN, S., HAMEROFF, S. R., PRIBRAM, K. H., YASUE, K. Quantum optical coherence in cytoskeletal microtubules: implications for brain function. *BioSystems*, v.32, p.195-209, 1994.

KÁROLYHÁZY, F. Gravitation and quantum mechanics of macroscopic bodies. *Magyar Fizikai Polyoirat*, v.12, p.24, 1974.

KÁROLYHÁZY, F., FRENKEL, A., LUKÁCKS, B. On the possible role of gravity on the reduction of the wave function. In: PENROSE, R., ISHAM, C. J. (Ed.) *Quantum Concepts in Space and Time*. Oxford: Oxford University Press. 1986.

KOMAR, A. B. Qualitative features of quantized gravitation. *International Journal of Theoretical Physics*, v.2, p.157-60, 1969.

PENROSE, R. *The Emperor's New Mind*: Concerning Computers, Minds and the Laws of Physics. Oxford: Oxford University Press. 1989.

______. Gravity and quantum mechanics, in General Relativity and Gravitation 1992. PROCEEDINGS OF THE THIRTEENTH INTERNATIONAL CONFERENCE ON GENERAL RELATIVITY AND GRAVITATION HELD AT CORDOBA, Argentina, 28 June-4 July, 1992. Part 1: Plenary Lectures. GLEISER, R. J., KOZAMEH, C. N., MORESCHHI, O. M. (Ed.) Bristol: Institute of Physics Publishing. 1993.

______. *Shadows of the Mind*: An Approach to the Missing Science of Consciousness. Oxford: Oxford University Press. 1994.

SCHRÖDINGER, E. (1935a). Die gegenwärtige Situation in der Quantenmechanik. *Naturwissenschaften*, v.23, p.807-12, 823-8, 844-9. 1935a (Translation by J. T. Trimmer (1980). Proceedings of the American Philosophical Society, v.124, p.323-38. Reprinted in: WHEELER, J. A., ZUREK, W. H. (Ed.) Quantum Theory and Measurement. Princeton: Princeton University Press, 1983.

SCHRÖDINGER, E. Probability relations between separated systems. *Proceedings of the Cambridge Philosophical Society*, v.31, p.555-63, 1935b.

______. *Mind and Matter*. Reprinted (1967) in: *What is Life?* with Mind and Matter and Autobiographical Sketches. Cambridge: Cambridge University Press. 1958.

ZEILINGER, A., GAEHLER, R. SCHULL, C. G., MAMPE, W. Single and double slit diffraction of neutrons. *Reviews in Modern Physics*, v.60, p.1067, 1988.

10

AS LEIS DA NATUREZA EVOLUEM?

WALTER THIRRING[1]

Muitas coisas que considerávamos eternas na natureza, como as estrelas fixas, os átomos, ou grandezas como a massa, revelaram-se apenas formas temporárias. Agora, a única coisa agraciada com o *status* eterno é a lei da natureza. Em uma contribuição ao simpósio realizado na Pontifical Academy of Science, intitulado "Compreendendo a Realidade: O Papel da Cultura e da Ciência", tentei explicar que isso não é necessariamente verdade e que leis também podem evoluir ao longo da história do Universo. Neste texto, gostaria de submeter tal heresia a um público científico mais amplo, não como uma verdade eterna mas como uma possibilidade digna de reflexão e discussão.

Atualmente, a física conhece as leis que descrevem o mundo material, desde o ínfimo ao vasto. Não é de espantar que não existam fenômenos conhecidos que contradigam essas leis, pois toda vez que isso aconteceu os físicos tiveram de ajustá-las para também acomodar os eventos até então inexplicáveis. O fato surpreendente é que, nesse processo de extensão gradual, as leis se tornaram mais gerais e também mais unificadas. Por exemplo, a mecânica quântica de sistemas atômi-

1 Institut für Theoretische Physik, Universität Wien, Boltzmanngasse 5, A-1090 Wien, Austria.

cos suplanta a mecânica clássica e a incorpora como um caso-limite. Da mesma forma, a física de partículas elementares contém a física atômica como um limite de baixa energia. Isto faz as pessoas pensarem que no topo desta pirâmide existe uma *Urgleichung* (segundo foi denominada por Heisenberg; agora é chamada TDT = Teoria de Tudo) que tudo contém.

Seja como for, quer esta TDT venha a ser encontrada um dia, quer permaneça uma miragem para sempre, a idéia deixou na sua passagem essa pirâmide de leis referentes a escalas particulares de espaço e tempo, algumas com restritos e outras com vastos domínios de aplicabilidade. Biólogos também falam sobre vários níveis de leis (Novikoff, 1945; Mayr, 1988; Weinberg, 1987), porém eles viraram a pirâmide de cabeça para baixo. Quanto mais complexo o sistema, maior seu alcance, para o biólogo. Na medida em que "para cima" e "para baixo" involuntariamente refletem um julgamento de valor, isto mostra a diferença entre físicos e biólogos quanto às suas atitudes sobre a complexidade.

A alegação "Teoria de Tudo" precisa, é claro, ser compreendida dentro da estrutura do nosso pensamento atual. Para formular as leis da física é aconselhável usar a linguagem da teoria quântica e falar de observáveis e de estados. Por exemplo, para uma partícula, sua posição x e seu momento p são os observáveis, enquanto os estados são dados pela função de Schrödinger, que dá a distribuição de probabilidade para essas grandezas. Os observáveis são uma realidade objetiva e se desenvolvem deterministicamente. Com isto quero dizer que existe uma correspondência de um para um entre essas grandezas em um tempo t, $(x(t), p(t)$ e as grandezas iniciais (x, p). Mais precisamente, as transformações (x, p) - $(x(t), (p(t))$ formam um grupo a um parâmetro de automorfismos da álgebra gerada por (x, p), sendo t o parâmetro. O estado em que um sistema particular se encontra reflete nosso conhecimento subjetivo, e na mecânica quântica ele nunca é completo, o que leva a uma certa inprevisibilidade. (Não quero usar o termo causalidade, que tem outra conotação filosófica.) Apesar da evolução determinista do tempo, nem tudo pode ser previsto com certeza, porque mesmo no presente existe alguma incerteza. Para grandes sistemas, essa incerteza torna-se monumental, porque podemos medir apenas uma pequena fração de todos os observáveis. É claro que temos a liberdade de escolher o que queremos medir, mas de qualquer forma será sempre uma pequena parte. Do ponto de vista matemático, isso significa que o estado somente pode ser definido dentro de uma vizinhança fraca.

No entanto, existe o consenso de que a evolução do tempo prescrita pela *Urgleichung* contém a dinâmica de todo o universo e determina tudo. Gostaria de substituir essa visão por outra baseada em três teses:

1 As leis de qualquer nível inferior da pirâmide mencionada anteriormente não são completamente determinadas pelas leis dos níveis superiores, embora não as contradigam. Entretanto, aquilo que parece um fato fundamental em um nível pode parecer simplesmente acidental quando observado de um nível superior.

2 As leis de um nível inferior dependem mais das circunstâncias às quais se referem do que das leis que lhe são superiores. Entretanto, podem precisar destas para resolver algumas ambigüidades internas.

3 A hierarquia de leis evoluiu juntamente com a evolução do Universo. No início, as leis recém-criadas não existiram como leis, mas apenas como possibilidades.

Não vejo estas proposições como revolucionárias, mas como conjecturas plausíveis inspiradas no nosso conhecimento atual. Longe de ser capaz de prová-las matematicamente, vou ilustrá-las com alguns exemplos. Estou ciente de que alguns destes pertencem a partes especulativas da física e talvez permaneçam apenas uma ficção. Eles deveriam ser considerados somente como modelos que ilustram minhas observações.

a) O fato de que vivemos em um mundo com três dimensões do espaço e uma dimensão do tempo é a base de nossas teorias, e muitas pessoas têm se divertido pesquisando como a vida seria estranha em mundos com diferentes números de dimensões. Entretanto, o pensamento atual sugere que, no início, o mundo tinha muito mais dimensões e por alguma anisotropia apenas três delas se expandiram enormemente (Chodos & Detweiler, 1980). A essa altura, as outras entraram em colapso e deixaram seus rastros apenas em simetrias internas de partículas elementares. Esta divisão em $4 + x$ dimensões não está de forma alguma gravada na *Urgleichung*, que é perfeitamente simétrica em todas elas. Nessas teorias, esta divisão particular parece acidental e é tão imprevisível quanto a posição de uma gota em um fenômeno de condensação. Tal imprevisibilidade parece contradizer a evolução determinista do tempo. Afinal, preciso apenas pegar o estado atual, evoluí-lo para trás no tempo e então sei exatamente qual é o estado inicial que leva à situação presente. Entretanto, como mencionado, nos sistemas grandes é possível determinar apenas em qual vizinhança fraca um estado se encontra, e a alegação é que qualquer vizinhança fraca contém estados que irão desenvolver-se de todas as formas concebíveis.

b) Embora esse espaço interno que evoluiu para uma curvatura de 10^{-33} cm não tivesse uma direção preferida, sua simetria foi quebrada por alguma transição de fase, e a interação fundamental dividiu-se em forças fortes, forças eletromagnéticas e forças fracas (Barrow & Tipler, 1986; Weinberg, 1977). Por que isso aconteceu exatamente dessa forma com certeza não foi determinado pelo equilíbrio térmico inicial, e este deve ter contido potencialmente todas as leis emergentes de um ou outro tipo de quebra de simetria. Por longo tempo, uma das obsessões de muitos físicos foi encontrar uma teoria capaz de explicar o valor numérico da força dessas interações, como a famosa constante de estrutura fina $e^2/\hbar c = (137{,}0...)^{-1}$. Até o momento essas tentativas têm falhado e na situação atual seus valores parecem ser acidentais.

c) A dinâmica de muitos corpos não depende tanto da forma detalhada da interação entre as partículas quanto de uma propriedade chamada estabilidade (Lieb, 1991; Thirring, 1990). Ela afirma que a energia potencial por partícula é limitada por baixo por uma energia independente do número de partículas. Se isto não for satisfeito, a matéria forma um agrupamento quente que eventualmente pode desaparecer em um buraco negro. A estabilidade da matéria comum depende crucialmente do fato de o elétron obedecer à estatística de Fermi. Se π^- fosse mais leve que o elétron, e portanto a mais leve partícula com carga, encontraríamo-nos em uma situação peculiar. Hidrogênio = $p\pi^-$ ainda seria estável porque o próton é um férmion, mas deutério = $d\pi^-$ não seria estável. Para N bósons com carga o estado de energia basal varia aproximadamente com $-N^{7/5}$, e portanto um mole de deutério conteria $10^{24 \times 2/5} \downarrow 10^{9,6}$ mais energia por mole que o hidrogênio. Nesta seqüência, todos os núcleos se tornariam isótopos de massa igual e a matéria se tornaria um plasma superdenso.

d) A estabilidade a longo prazo de estruturas maiores, como o sistema planetário, é governada por ressonâncias (Siegel & Moser, 1971). Se os tempos de revolução de dois planetas entram em ressonância, o menor é mandado para fora da sua órbita. O destino da nossa Terra é portanto determinado pelas propriedades numérico-teóricas da razão dos tempos de revolução de outros planetas (principalmente Júpiter) e o nosso. Se a lei da força é newtoniana, $1/r^2$, ou se é alguma outra coisa, não tem muita importância. Portanto, no que se refere a por quanto tempo nossa Terra vai desfrutar da luz do Sol, a teoria dos números é mais importante que a teoria do campo gravitacional. Este exemplo também mostra por que devemos apelar para o nível superior a fim de resolver ambigüidades. A singularidade do potencial -1/*r*- nos impede de prever da maneira clássica se uma órbita "frontal" é refletida pela singularidade ou se passa por ela. Na mecânica quântica, esta singularidade não é um problema, porque a evolução do tempo e seu limite clássico nos dizem que a primeira alternativa é a correta.

A lista de exemplos desse tipo poderia se prolongar e eu gostaria de fazer a seguinte observação.

Para acomodar fatos aparentemente contraditórios, a física teve de ampliar seus conceitos e por isso perdeu em poder de previsão. Por exemplo, a mecânica quântica descreve as propriedades oscilatórias e corpusculares das partículas às custas de relações de incerteza. A *Urgleichung* – se é que tal coisa existe – deve potencialmente conter todos os caminhos possíveis que o Universo poderia ter tomado e, portanto, todas as leis possíveis. Obviamente, tem de deixar uma margem de manobra. Com uma equação dessas, a física se encontraria em situação parecida com a da matemática em aproximadamente 1930, quando Gödel mostrou que estruturas matemáticas podem não ser inconsistentes mas irão conter enunciados verdadeiros que não são deduzíveis. Da mesma forma, a *Urgleichung* não irá contradizer a experiência, senão seria modificada, mas estará longe de poder determinar tudo. À medida que o Universo evoluiu, as circunstâncias criaram suas próprias leis. Poderíamos compartilhar a sensação de que os diferentes níveis discutidos anteriormente são apenas diferentes manifestações de um princípio mais fundamental. A dificuldade de tornar essa intuição mais precisa reside em termos uma boa definição do que é fundamental. Por exemplo, podemos argumentar que o princípio fundamental na teoria do campo (clássica ou quântica) é a invariância de Lorenz, e que as equações de Maxwell ou de Yang-Mills são apenas mecanismos especiais que mostram esse princípio. Entretanto, isso não tem uma validade global: na relatividade geral, aprendemos que espaços com um grupo tão grande de isomorfismos são um tanto excepcionais. Ou pior, como discutido em a), a dimensionalidade e marca de espaço-tempo podem ser o resultado de um acidente histórico. Da mesma forma, o fato de a natureza extensiva da energia variar aproximadamente com N pode ser considerado uma lei fundamental. É simples e de validade ampla; funciona para todos os elementos químicos. Forma a base de uma ciência importante, a termodinâmica. Porém não tem validade global e é violada por interações gravitacionais. Novamente, como discutido em b), pode ser o resultado de um acidente histórico: se existisse um bóson com carga mais leve que o elétron, a lei fundamental seria energia $\alpha N^{7/5}$ em vez de αN. É neste sentido que as leis que nos parecem fundamentais podem não ter existido como leis no início mas apenas como possibilidades.

Estes pontos de vista podem mudar a ênfase do que é importante na ciência. No quadro atual, a meta mais nobre da ciência deve ser encontrar a TDT, na medida em que todo o resto significa apenas a resolução de casos especiais. Se acreditarmos que as poucas letras gregas na *Urgleichung* não dizem muito e que a verdadeira física consiste de suas conseqüências matemáticas em uma dada situação, então os vários níveis da pirâmide da física são importantes por si mesmos. Isto não significa que não se deva deduzir o que é deduzível dos níveis superiores, mas apenas que isso deve ser feito com a devida modéstia e sem falsas pretensões.

Referências bibliográficas

BARROW, J. D., TIPLER, F. *The Anthropic Cosmological Principle*. Oxford: Clarendon Press, 1986.

CHODOS, A., DETWEILER, S. Where has the fifth dimension gone? *Physical Review*, v.D21, p.2167-70, 1980.

LIEB, E. H. The stability of matter. In: *From Atoms to Stars*. Selected Papers. New York: Springer, 1991.

MAYR, E. The limits of reductionism. *Nature*, v.31, p.475, 1988.

NOVIKOFF, A. B. The concept of integrable levels in Biology. *Science*, v.101, p.209-15, 1945.

SIEGEL, C. L., MOSER, J. *Lectures in Celestial Mechanics*. New York: Springer, 1971.

THIRRING, W. The stability of matter. *Foundations of Physics*, v.20, p.1103-10, 1990.

WEINBERG, S. *The First Three Minutes* – A Modern View of the Origin of the Universe. London: André Deutsch, 1977.

______. Newtonianism, reductionism and the art of congressional testimony. *Nature*, v.330, p.433-7, 1987.

11

NOVAS LEIS ANTECIPÁVEIS NO ORGANISMO: A SINERGÉTICA DO CÉREBRO E DO COMPORTAMENTO

J. A. SCOTT KELSO[1]
HERMANN HAKEN[2]

Agradecimentos

Grande parte do trabalho descrito neste artigo é financiado pelo NIMH (Setor de Pesquisa em Neurociências) Processo: MH42900; BRS, Processo: RR07258; Contrato da Repartição de Pesquisa Naval N0C014-92-J-1904 e NSF, Processo: DBS-9213995. Agradecemos a Tom Holroyd e Armin Fuchs pela ajuda na elaboração das figuras.

Através do estudo dos seres vivos podemos compreender melhor como a física ainda é primitiva.
(A. Einstein)

Introdução

O título deste artigo – pelo menos a frase que lemos depois dos dois pontos – foi copiado sem reservas da pequena e maravilhosa obra

1 Program in Complex Systems & Brain Sciences, Center for Complex Systems, Florida Atlantic University, Boca Ratón, FL, USA.
2 Institute for Theoretical Physics & Synergetics, University of Stuttgart, Stuttgart, Germany.

O que é vida? de Schrödinger (1944). Essa frase nos indica aonde as novas leis podem ser encontradas. Sinergética é um termo criado por H. Haken (1969;1975) para englobar uma área de pesquisa multidisciplinar relativamente nova, que tem por objetivo entender como os padrões se formam em sistemas abertos de não-equilíbrio, isto é, em sistemas que recebem uma entrada contínua de energia e/ou matéria. A sinergética trata de como as partes individuais do sistema (tipicamente muito numerosas) cooperam para criar novas estruturas espaço-temporais ou funcionais. Na última década, ou quase isso, houve grandes avanços no que sabemos sobre as formas de a natureza gerar padrões em sistemas abertos da física, da química e da bioquímica (ver Babloyantz, 1986; Bak, 1993; Bergé, Pomeau & Vidal, 1984; Collet & Eckmann, 1990; Ho, no prelo; Iberall & Soodak, 1987; Kuramoto, 1984; Nicolis & Prigogine, 1989, para revisões). Em particular, os princípios de construção da sinergética estabeleceram que os conceitos de instabilidade, parâmetros de ordem, flutuações e *escravidão* (*slaving*) eram cruciais para compreender e prever a formação espontânea (auto-organizada) de padrões em sistemas complexos.

Quando Schrödinger sugeriu em público – provavelmente para espanto de muitos, tanto na sua época como agora – que compreender os seres vivos poderia envolver "outras leis" além das "leis conhecidas da física", virtualmente nada se ouvia falar sobre conceitos teóricos da formação de padrões e auto-organização em sistemas abertos de não-equilíbrio (um certo começo, no entanto, pode ser encontrado no trabalho inicial de von Bertalanfy, assim como também na introdução um tanto infeliz do termo "entropia negativa" de Schrödinger). As ferramentas matemáticas da dinâmica não-linear estavam igualmente por florescer, em parte porque a computação – o principal meio de explorar equações não-lineares cujas soluções analíticas são desconhecidas – praticamente não existia. Certa vez, em uma carta endereçada a Born, Schrödinger fez o seguinte comentário sobre seus estimados colegas Dirac e Eddington, queixando-se de seus esforços intelectuais: "Essa é a coisa indo além dos seus pensamentos lineares. Tudo é linear, linear ... Uma vez, Einstein me disse, se tudo fosse linear, nada influenciaria nada. Isso com certeza é verdade" (Moore, 1989, p.381). Schrödinger reconheceu que as estruturas incrivelmente importantes e interessantes que surgem nas transições da desordem para a ordem e que são estudadas pelos físicos (por exemplo, quando a matéria muda sua estrutura macroscópica à medida que a temperatura é reduzida) não tinham qualquer relevância para o aparecimento dos processos da vida. Na física, diferentes estados de agregação da matéria – o sólido, o líquido, o gasoso – são chamados *fases*, e a transição entre eles é chamada *mudança de fase*. A mudança de vapor para água e finalmente para gelo é um exemplo de transição progressiva da desordem para a ordem. Fica claro de imediato que os processos da vida não têm nada a ver com esse tipo de mudança de fase e que princípios completamente novos e relativos a mudanças de fase *de não-equilíbrio* são necessários. Este segundo tipo de transição ocorre em sistemas alimentados ou energizados de fora (ou, como é o caso dos seres vivos, que possuem metabolismo, de dentro ou de fora). Sem troca de energia, matéria ou informação com o seu ambiente, esses sistemas não podem manter suas estruturas ou sua função.

Na biologia, pelo menos até agora, processos de auto-organização em sistemas abertos têm recebido pouca atenção. Certamente os mecanismos de reação-difusão do tipo Turing foram mencionados em discussões sobre o desenvolvimento embriológico e a gênese da forma biológica – como uma célula se torna um dedo ou um dedão do pé – mas, em geral, isso não passa de uma breve e passageira "mesura" (ver Wolpert, 1991). Por certo a maioria dos biólogos admite que organismos pertencem à classe geral dos sistemas abertos. No seu livro *Of Molecules and Men* [*As Moléculas e o Homem*], Crick (1966) chega a comentar – em um único parágrafo – que "o organismo deve ser um sistema aberto" (p.9). Essa, ele diz, é a primeira exigência mínima para que haja vida. Não é surpresa, porém, que a grande parte das suas considerações se concentre no fato de organismos possuírem um material genético que lhes permite reproduzir e transmitir "cópias" de si mesmos aos seus descendentes. A seleção darwinista faz o resto. No entanto, há muito admitiu-se que a seleção darwinista *pressupõe* a existência de estruturas auto- sustentadas como o gene; ela não explica como uma dada configuração foi selecionada da sopa primordial. De fato, até agora não existe uma demonstração experimental de ordem biológica sem a ajuda de precursores biológicos (que já se encontram ordenados!) (Dyson, 1985).

Em resumo, a biologia moderna reconhece que organismos são coisas organizadas. Ao longo do tempo, os biólogos se deram ao trabalho de desmentir a mínima indicação de que alguma força vital imaterial fosse a base da organização biológica (ver Mayr, 1988), atitude esta compartilhada por muitos de nós. Embora a biologia devesse ter tido fortes razões para expor as limitações da "física e da química convencionais" e também procurar e explicar as "novas leis" de Schrödinger (de auto-organização em sistemas abertos), ela não o fez... Pelo contrário, tomou um rumo diferente (a biologia molecular) pelo qual, apesar de enormes sucessos, parece estar pagando um preço agora (ver Maddox, 1993). Para deixar bem claro nosso ponto de vista: não estamos dizendo que as leis fundamentais da física (e portanto da química) não sejam válidas para a biologia; elas o são, é óbvio. Mas alegamos que sua estrutura conceitual é muito restrita. Realmente, temos de encontrar novos conceitos que transcendam a mera descrição microscópica de sistemas.

Embora este capítulo não trate de eventos moleculares por si mesmos, ele sugere que os processos não-lineares que ocorrem longe do equilíbrio são suficientemente férteis para lidar com a auto-organização biológica em várias escalas diferentes. O objetivo é mostrar que os conceitos físicos da formação auto-organizada de padrões (isto é, a sinergética) já nos dão uma base para compreender os organismos e suas relações com o ambiente. O capítulo está dividido da seguinte maneira: na Seção 2, alguns dos principais conceitos sinergéticos de Haken foram introduzidos no contexto de um exemplo conhecido da física. Na Seção 3, essas idéias foram aplicadas ao problema da *coordenação*, que, discute-se, é uma (talvez *a*) característica fundamental dos seres vivos. Nesses sistemas complexos, os graus de liberdade *relevantes* e suas dinâmicas com freqüência são desconhecidos e têm de ser encontrados. A sinergética proporciona uma estratégia que independe de níveis e métodos para esclarecer as dinâmicas (não-lineares) subjacentes. A Seção 4 expõe algumas evidências recentes que demonstram que o próprio cérebro é, fundamentalmente, um sistema ativo auto-organizador sujeito a leis dinâmicas não-lineares. Teoria e experimentação convergem na noção de que os sistemas biológicos, incluindo o cérebro, vivem próximos a limites que separam o comportamento regular do irregular, sobrevivendo melhor, digamos assim, às margens da instabilidade. Na Seção final, algumas das implicações desses resultados são inferidas da própria vida. Diga-se de passagem, é impossível igualar o estilo de Schrödinger. Porém, assim como o dele, nosso objetivo aqui é transmitir os ingredientes essenciais da auto-organização biológica de maneira conceitual, não técnica e com um mínimo de equações.

Como a natureza lida com a complexidade

Qualquer descrição da formação de padrões em sistemas abertos de não-equilíbrio precisa lidar com (pelo menos) dois problemas. O primeiro se refere a como padrões são construídos a partir de um número muito grande de componentes materiais. O segundo é que, com freqüência, não somente um padrão mas *múltiplos* padrões são produzidos para acomodar condições ambientais. Estruturas biológicas, por exemplo, são multifuncionais: o mesmo conjunto de componentes pode se auto-organizar para realizar diferentes funções ou diferentes componentes podem se auto-organizar para realizar uma mesma função. Além disso, é preciso explicar como um determinado padrão ou estrutura persiste sob várias condições ambientais (sua *estabilidade*) e como ele se ajusta a condições internas ou externas que estão mudando (sua *adaptabilidade*). Os processos que determinam como um padrão é *selecionado* dentro de uma gama de possibilidades também precisam ser acomodados por qualquer lei ou suposto princípio de auto-organização. Para explicar os mecanismos subjacentes à formação de padrão, vamos considerar o conhecido exemplo de um fluido aquecido por baixo e resfriado por cima. Mas, primeiro, um aparte. Ninguém está afirmando que o cérebro, ou os seres vivos em geral sejam apenas fluidos compostos de elementos homogêneos. Longe disso. O fluido está sendo utilizado neste caso como um exemplo que ilustra algumas das maneiras utilizadas pela natureza para lidar com sistemas complexos de não-equilíbrio e que contêm muitos graus de liberdade. Isto nos permite, particularmente, ilustrar os conceitos-chave da sinergética, nossa base para compreendermos o aparecimento da ordem biológica. Como todos os grandes experimentos da física, o interessante do exemplo do fluido é que, embora seja realizado no laboratório, ele nos dá uma visão da situação em escala maior. O experimento, chamado a instabilidade de Rayleigh-Bénard, consiste no seguinte: peguem um líquido (pode ser um pouco de óleo de cozinha), coloquem em uma panela e aqueçam por baixo. Do ponto de vista microscópico o fluido contém, digamos, 10^{20} moléculas, cada qual sujeita a um movimento desordenado e aleatório (*muitos elementos microscópicos*). Se a diferença de temperatura entre a parte de cima e a parte de baixo do fluido for pequena, não observaremos grandes movimentações. O calor é dissipado entre os elementos como um micromovimento que não podemos ver. Notem, entretanto, que, mesmo neste estágio, trata-se de um *sistema aberto*, ativado por um gradiente de temperatura chamado *parâmetro de controle* na linguagem da sinergética e de sistemas dinâmicos. À medida que esse parâmetro de controle aumenta, um evento incrível chamado *instabilidade* ocorre. Macroscopicamente, o líquido começa a se mover de maneira ordenadamente rotacional. O sistema deixa de ser uma coleção desorganizada de moléculas movendo-se ao acaso: bilhões de moléculas cooperam para criar padrões macroscópicos que evoluem no espaço e no tempo. O movimento rotacional (convecção) se inicia porque o líquido na camada superior é mais denso e tende a cair, enquanto o líquido da parte inferior, mais quente e menos denso, tende a subir.

Na sinergética, a amplitude do movimento das correntes age como um *parâmetro de ordem* ou *variável coletiva*: todas as partes do líquido deixam de se comportar independentemente e são "sugadas" para dentro de um modo de coordenação organizado. Na proximidade de regiões críticas (isto é, perto de uma instabilidade), o comportamento macroscópico do sistema é dominado por apenas alguns modos coletivos, os chamados parâmetros de ordem, que são as únicas variáveis necessárias para descrever de maneira completa a formação do padrão em evolução. Esta compressão de graus de liberdade (*gl*) perto dos pontos críticos é chamada, na física, de princípio de Haken (1977), o cientista que lhe deu uma fórmula matemática precisa para uma grande classe de sistemas. Consultem Wunderlin (1987) para uma excelente revisão do *princípio de escravidão*. Os exemplos incluem a formação de vórtex no sistema de Taylor-Couette, o início da luz a *laser*, a formação de padrões de concentração em certas reações químicas, como a de Belousev-Zhabotinsky, e a muito estudada instabilidade de Turing, que serviu de modelo para a morfogênese, com limitado sucesso. Em todos esses casos, o aparecimento de um padrão e a mudança de padrão ocorrem apenas como resultado de uma dinâmica cooperativa do sistema, sem qualquer influência específica de organização vinda de fora ou qualquer agente do tipo homúnculo ou *programa* interno. O parâmetro de controle é *não-específico*, isto é, ele não define ou contém o código para o padrão emergente, que é considerado um produto da *auto-organização*. Nos sistemas auto-organizantes não existe *deus ex machina*, não há nenhum fantasma na máquina que ordena as partes. Nenhum "ser", na verdade. Mais adiante discutiremos como influências paramétricas *específicas* sobre processos biológicos podem ser incorporadas neste quadro.

Algumas observações adicionais: a primeira diz respeito à *causalidade circular*: o parâmetro de ordem é criado pela cooperação das partes individuais de um sistema. Por outro lado, o parâmetro de ordem comanda o comportamento das partes individuais. Por exemplo, no *laser*, a emissão de átomos estimulada gera o campo de luz, o qual, por sua vez, age como um parâmetro de ordem que especifica ou – nas palavras de Haken – "escraviza" o movimento dos elétrons nos átomos. O resultado é uma enorme compressão de informação. A causalidade circular é típica de processos não-lineares em condições de afastamento do equilíbrio (térmico). Isto contrasta com a causalidade linear que domina a maior parte da biologia e da fisiologia, isto é, o antigo "dogma central" de que a informação flui apenas em uma direção, de DNA para RNA para a proteína. A segunda observação se refere a flutuações e quebra de simetrias. Como o movimento rotacional do fluido pode saber em qual direção deve fluir no nosso exemplo da física? A resposta é o próprio acaso: a simetria do movimento para a esquerda ou para a direita é quebrada por uma flutuação acidental ou perturbação. Uma vez tomada a "decisão", ela é final e não pode ser revertida. Todos os elementos têm de obedecê-la. Esta interação entre o acaso (processos estocásticos) e a escolha determina o padrão que emerge. Nos sistemas biológicos auto-organizantes, flutuações estão sempre presentes, sondando a estabilidade de estados existentes e permitindo que o sistema descubra novos estados. A terceira observação é que um número crescente de padrões – uma verdadeira hierarquia de instabilidades – pode surgir à medida que o parâmetro de controle aumenta mais. Novos padrões são criados repetidamente em uma complexidade crescente. Às vezes o sistema pode ser impulsionado a tal ponto que entra em um estado de turbulência. Há um excesso de opções que podem ser adotadas pelos componentes e o comportamento nunca se acerta.

Em resumo, a sinergética tipicamente lida com equações do tipo:

$$\dot{q} = N(q, \text{parâmetros, ruído}) \qquad (1)$$

onde o ponto denota a derivada em relação ao tempo, q denota o vetor do estado de alta dimensão em potencial especificando o estado do sistema, Equação (1), e N é uma função não-linear do vetor do estado e pode depender de vários parâmetros (incluindo o tempo), assim como também de forças aleatórias agindo no sistema. Em geral, quando os parâmetros em (1) mudam continuamente, a solução da equação também muda continuamente. Entretanto, quando uma mudança contínua no parâmetro de controle passa por um valor crítico, o comportamento do sistema pode mudar qualitativamente ou descontinuamente. Essas mudanças qualitativas estão associadas à formação espontânea (auto-organizada) de padrões e sempre surgem através de uma instabilidade. Os padrões emergentes nas *mudanças de fase de não-equilíbrio* (termo preferido pelos físicos porque inclui os efeitos de flutuações) ou *bifurcações* (termo matemático usado na teoria de sistemas dinâmicos) são definidos como *atratores* da variável coletiva ou dinâmica de parâmetros de ordem (estes termos serão discutidos em maior detalhe na próxima sessão, no contexto de coordenação biológica). Os estados atratores da dinâmica de variáveis coletivas existem porque os sistemas de não-equilíbrio são *dissipativos*: muitas trajetórias independentes com condições iniciais diferentes convergem no tempo até um certo conjunto-limite ou solução atratora. Com freqüência, pontos fixos estáveis, ciclos-limite e soluções caóticas – assim como também outros comportamentos transitórios e mais complicados – são possíveis no *mesmo* sistema, dependendo de valores de parâmetros. Aqui temos, então, um dos temas principais da natureza para lidar com seres vivos complexos (Kelso, 1988): a enorme *complexidade material* é comprimida próximo às instabilidades (como demonstrado pelo princípio de escravidão da sinergética), dando origem a um comportamento de menor dimensão, descrito pelas variáveis coletivas ou parâmetros de ordem. A dinâmica de padrões que resulta é não-linear, e dela emerge uma rica *complexidade comportamental*, incluindo características estocásticas e/ou caos determinístico. Este cenário fornece uma base conceitual e matemática para os princípios de desordem-ordem e ordem-ordem defendidos por Schrödinger (1944), e adiciona o princípio evolucionário de ordem-para-caos dos sistemas abertos dissipativos. Estes, ao que parece, contêm muito da "nova física".

A dinâmica de coordenação dos seres vivos

Não vejo nenhuma forma de evitar o problema
da coordenação e ainda compreender
as bases físicas da vida.
(H. Pattee)

Apesar do, ou talvez por causa do sucesso da biologia molecular moderna, o grande problema biológico não resolvido permanece: como os seres vivos complexos são coordenados no espaço e no tempo? Nem a física clássica, nem a física quântica (não obstante as declarações de físicos como Hawking, Penrose e Weinberg) nos oferecem *insights* da coordenação funcionalmente específica. Embora aleguemos conhecer todas as leis do comportamento da matéria ("a física e a química convencionais"), exceto sob condições extremas, tais leis não nos dizem quase nada sobre como e quando andamos pela rua. Howard Pattee (1976) uma vez comentou que o enigma da vida foi resolvido pela biologia molecular. Mas a vida é mais que a química de reações celulares. A origem e natureza da coordenação dessas reações permanece obscura. Imaginem, por um instante, um sistema vivo feito de componentes individuais que se ignorassem mutuamente e não interagissem nem entre eles nem com o ambiente. Tal sistema não teria nem estrutura nem função. A despeito do nível de descrição que escolhemos estudar (uma escolha pessoal do cientista, desde que se acredite, como nós, que não existe uma prioridade *ontológica* de qualquer nível de descrição em relação a outro), os graus de liberdade estão (pelo menos transitoriamente) *acoplados* ou funcionalmente ligados. No caso do cérebro, por exemplo, as células nervosas individuais não pensam, cheiram, agem ou lembram. Em vez disso, elas parecem cooperar em grupos temporalmente coerentes para gerar o que chamamos funções cognitivas. As questões fundamentais para entendermos a coordenação de seres vivos diz respeito à forma que a interação básica assume, como ela ocorre e por que ocorre daquela maneira.

Soluções putativas para essas questões são encontradas, pelo menos em forma primitiva, no que poderíamos chamar de *dinâmica da coordenação elementar* (Kelso, 1990, 1994). Por elementar queremos dizer uma formulação matemática simples (mas não tão simples a ponto de perder a essência do problema) a qual, no entanto, nos dá uma base para compreendermos outros tópicos, como o aprendizado, a adaptação ao ambiente e a relação desses processos com o funcionamento do cérebro. Nem é preciso dizer que a dinâmica da coordenação elementar se utiliza dos conceitos de auto-organização e formação de padrões (Haken, 1977) como parte de uma estratégia experimental teoricamente motivada, fazendo uso também das ferramentas e linguagem da dinâmica não-linear acoplada para (de forma contínua ou discreta) expressar, segundo leis, a formação e mudança de padrões de coordenação.

Como encontrar as leis básicas da coordenação? Colocando isto de outra forma: como encontrar variáveis coletivas relevantes para os sistemas complexos e suas dinâmicas no nível de observação selecionado? De acordo com a sinergética, as mudanças de fase (ou bifurcações) fornecem um ponto de entrada especial para desenvolver a compreensão teórica de seres vivos complexos, onde os graus de liberdade *relevantes* normalmente não são conhecidos. A razão disso é que as mudanças qualitativas permitem uma distinção clara entre padrões, proporcionando assim a identificação de variáveis coletivas para diferentes padrões e de dinâmicas de padrões (multiestabilidade, perda de estabilidade etc.). Perto dos pontos críticos, os processos essenciais que governam a estabilidade, flexibilidade e até mesmo a escolha de um padrão podem ser expostos. Medidas teoricamente motivadas (flutuações, tempos de relaxamento, de pausas perto do ponto crítico, e assim por diante; ver abaixo) estão disponíveis para elucidar esses processos e permitir a realização de testes de previsões teóricas (por exemplo, Schöner & Kelso, 1988a; Kelso, Ding & Schöner, 1992). O(s) parâmetro(s) de *controle* que promove(m) instabilidades pode(m) ser determinado(s). Instabilidades permitem um mecanismo genérico para a mudança flexível (acionamento sem acionadores) entre padrões coordenativos, isto é, para entrar e sair de estados coerentes. Finalmente, diferentes níveis de descrição – níveis coordenativos e de componentes individuais – podem ser relacionados pelo estudo da dinâmica de componentes (desacoplados) e seu acoplamento não-linear.

Estranhamente, as leis de coordenação básica tornaram-se disponíveis pela primeira vez na área da coordenação motora humana (Haken, Kelso & Bunz, 1985; Schöner, Haken & Kelso, 1986), depois da descoberta experimental de mudanças espontâneas e involuntárias de padrões de movimentos das mãos (Kelso, 1981, 1984), análogas, talvez, à reorganização espaço-temporal que ocorre quando um animal muda seu modo de andar (ver Shik, Severin & Orlovski, 1966). Quando indivíduos são instruídos a mover ritmicamente os dedos indicadores de maneira alternada e fora-de-fase, se a freqüência do movimento aumentar de forma sistemática nota-se uma transição espontânea para um padrão simétrico em-fase. A transição reversa de padrão em-fase para outro antifase não se observa à medida que a freqüência é reduzida. Da mesma forma, quando o sistema está configurado no padrão em-fase e a freqüência é aumentada, não ocorre uma mudança para o padrão de coordenação antifase.

Este experimento simples ilustra uma ligação coordenadora elementar em sistemas biológicos complexos. Ele contém *essencialmente* características *não-lineares* de auto-organização, a saber, multiestabilidade (dois estados coordenativos coexistindo para os mesmos valores de parâmetro), transições de um estado ordenado para outro e histerese, um tipo primitivo de memória.

A dinâmica de coordenação mais simples que engloba todos os resultados experimentais é:

$$\dot{\phi} = -a \text{ seno } \phi \quad - 2b \text{ seno } \phi \qquad (2)$$

onde ϕ é a fase relativa entre os dois componentes interagindo ritmicamente e a razão b/a é o parâmetro de controle correspondente ao período cíclico, t, a recíproca da freqüência. Existe uma boa razão para supor que ϕ é o parâmetro de ordem relevante da coordenação. Primeiro, ele captura a ordenação espaço-temporal entre os componentes. Todos os outros observáveis, digamos assim, foram "escravizados" na relação de fase. Segundo, ϕ muda muito mais lentamente que as variáveis que descrevem o comportamento dos componentes individuais. Terceiro, ϕ muda abruptamente na transição. A dinâmica da Equação (2) pode ser visualizada como uma partícula movendo-se em uma paisagem de função potencial $V(\phi)$. Portanto, uma formulação equivalente da Equação (2) é:

$$\dot{\phi} = -\frac{\partial V(\phi)}{\partial \phi} \quad \text{com } V(\phi) = -a \text{ co-seno } \phi - b \text{ co-seno } 2\phi \qquad (3)$$

A paisagem potencial ou "leiaute do atrator" para diferentes taxas de variação, isto é, diferentes razões de b/a, está plotada na Figura 4 (superior).

Esta assim chamada dinâmica HKB, (2) e (3), acomoda os fatos de coordenação observados. (1) Tem dois atratores pontuais estáveis e fixos que correspondem a estados travados na fase e freqüência para $\phi = 0$ (em-fase) e $\phi = \pm \pi$ rad (antifase). Para valores baixos da razão b/a, os dois modos de coordenação coexistem – qual deles é observado depende das condições iniciais – a propriedade essencialmente linear da *biestabilidade*. (2) À medida que a razão b/a diminui, o ponto fixo em π perde estabilidade, e qualquer pequena flutuação empurra o sistema para o único ponto fixo restante em $\phi = 0$. Indo além desta *transição espontânea de fase*, apenas o padrão simétrico para $\phi = 0$ é estável. E (3) quando a direção da mudança do parâmetro de controle é invertida, o sistema de coordenação permanece no atrator em-fase. Esta histerese se deve ao fato de o ponto fixo para $\phi = 0$ ser sempre estável.

A dinâmica de coordenação básica, Equações (2) e (3), tem sido estendida de muitas maneiras que neste artigo podem ser mencionadas apenas brevemente. Entre elas, temos:

- a introdução de forças estocásticas nas Equações (2) e (3) levou a previsões de desaceleração crítica e flutuações críticas perto da instabilidade (Haken et al., 1985; Schöner et al., 1986). Estas previsões podem ser facilmente intuídas a partir da Figura 4 (superior). Enquanto o mínimo para $\phi = \pi$ se torna cada vez mais raso, o sistema leva cada vez mais tempo para recuperar-se de qualquer pequena perturbação. Portanto, a previsão é que o tempo de relaxamento aumenta à medida que nos aproximamos da instabilidade porque a força restauradora (o gradiente do potencial) diminui (desaceleração crítica). Da mesma forma, espera-se que a variabilidade de ϕ aumente (flutuações críticas) em virtude do achatamento do potencial perto do ponto de transição. Estas duas predições foram confirmadas em uma grande variedade de sistemas experimentais (por exemplo, Buchanan & Kelso, 1993; Kelso & Scholz, 1985; Kelso, Scholz & Schöner, 1986; Scholz, Kelso & Schöner, 1987; Schmidt, Carello & Turvey, 1990; Wimmers, Beek & van Wieringen, 1992).

- A ação de influências paramétricas *específicas* tem sido incorporada na Equação (2), por exemplo, quando um determinado padrão é especificado pelo ambiente, o aprendizado e a intenção (ver Kelso, Scholz & Schöner, 1988; Schöner & Kelso, 1988b; Zanone & Kelso, 1992). A vantagem de conhecermos a Equação (2), onde padrões de coordenação se formam e mudam graças a influências paramétricas *não específicas* (isto é, o parâmetro de controle, b/a, simplesmente move o sistema através de seus estados coletivos mas não os prescreve), é que ela permite que parâmetros específicos de várias fontes sejam expressos dinamicamente (isto é, como "forçamentos" definidos exatamente na mesma linguagem do(s) parâmetro(s) de ordem). Uma vantagem conceitual é que a dualidade entre a informação (específica) e a dinâmica (não específica, intrínseca) é removida. A informação, segundo este esquema, somente tem sentido e é específica para um sistema vivo na medida em que ela contribui para as dinâmicas do parâmetro de ordem, atraindo-as para o padrão de coordenação necessário. Se esta perspectiva teórica pode ou não contribuir para o "problema real" da vida (Rosen, 1991), a saber, como mover a ordem holonômica (simbólica, razão-independente) característica de uma seqüência de DNA ou RNA para uma ordem não-holonômica (razão-dependente, "comportando-se"), permanece uma questão em aberto. Na verdade, a análise que apresentamos neste artigo sugere uma reformulação do problema. Aqui, as leis de coordenação auto-organizada como a Equação (2) são, nas suas raízes, estruturas *informativas*. O parâmetro de ordem identificado, ϕ, captura as relações coerentes entre diferentes tipos de coisas. Ao contrário da "física convencional", o parâmetro de ordem para a coordenação biológica é contexto-dependente e intrinsecamente significativo para o funcionamento do sistema. O quê, vale perguntar, poderia ser mais significativo para um organismo do que a informação que especifica as relações coordenativas entre suas partes ou entre ele e o ambiente?

- A inclusão de um termo de quebra de simetria na Equação (2) para acomodar situações onde os componentes não são idênticos, por exemplo, quando os componentes desacoplados exibem autofreqüências diferentes. Notem que a Equação (2) é uma lei de coordenação *simétrica*: o sistema é 2π periódico e idêntico sob reflexão da esquerda para a direita ($\phi \rightarrow -\phi$). A Natureza, é claro, floresce na simetria quebrada, cujas fontes e conseqüências são múltiplas nos seres vivos. A dinâmica de coordenação, Equação (2), pode ser rapidamente estendida para incorporar a quebra de simetria pela adição de uma constante, $\Delta\varpi$, equivalente à diferença de freqüência entre componentes (desacoplados) (Kelso, DelColle & Schöner, 1990). Ignorando as forças estocásticas, a dinâmica torna-se agora:

$$\dot{\phi} = \Delta\varpi - a \text{ seno } \phi - 2b \text{ seno } 2\phi \quad \text{e}$$

$$V(\phi) = -\Delta\varpi\phi - \text{a co-seno } \phi - \text{b co-seno } 2\phi \qquad (4)$$

para as equações de movimento e de potencial, respectivamente. A Figura 4 (central, inferior) mostra a evolução do leiaute do atrator para diferentes valores de $\Delta\varpi$. Esta extensão prevê duas conseqüências importantes da quebra de simetria. Primeiro, para valores pequenos de $\Delta\varpi$, ela prediz que os mínimos do potencial não estão mais em $\phi = 0$ e $\phi = \pi$, mas sim deslocados sistematicamente. Segundo, para valores suficientemente grandes de $\Delta\varpi$, não existem mais mínimos locais no leiaute do atrator – os pontos fixos estáveis desaparecem – e a fase relativa sofre um deslocamento lento. De novo, ambas as previsões foram observadas experimentalmente (Kelso et al., 1990; Kelso & Jeka, 1992; Schmidt, Shaw & Turkey, 1993; ver também as contribuições de Swinnen et al., 1994).

Notem, na Figura 4 (inferior), que mesmo não havendo mais uma coordenação rígida, "remanescentes" ou "fantasmas" do estado totalmente coordenado permanecem, por exemplo, perto de $\phi = 0$. Isto é chamado *intermitência*, e representa um dos processos genéricos encontrados em sistemas de baixa dimensão próximos de tangentes ou bifurcações sela-nó. Como conseqüência da quebra de simetria na dinâmica de coordenação, o sistema – em vez de encontrar-se absolutamente coordenado – exibe uma coordenação parcial ou relativa entre seus componentes. A coordenação relativa, como bem observou von Holst (1939) anos atrás, é "um tipo de cooperação neural que torna visíveis as forças operantes do sistema nervoso central, as quais permaneceriam, de outra forma, invisíveis". O efeito surge, por um lado, graças às tendências *competitivas* por uma coordenação total (travadas em fase e freqüência) e, por outro lado, em razão da tendência dos componentes individuais a expressarem sua variação intrínseca espacial e temporal uns nos outros. É possível ver isto facilmente na dinâmica de coordenação, Equação (4), onde a razão b/a representa a importância relativa dos estados atratores de fase intrínseca em 0 e π, e $\Delta\varpi$ corresponde a diferenças de freqüência entre os componentes. A identificação desta forma de coordenação relativa, mais variável, plástica e fluida, como o mecanismo dinâmico da intermitência (Kelso, DeGuzman & Holroyd, 1991) está de acordo com a visão emergente de que sistemas biológicos tendem a viver próximos de fronteiras entre comportamentos irregulares e regulares (Kauffman, 1993). Ao ocupar a região estratégica, intermitente, próxima às fronteiras entre estados travados no modo, os seres vivos (e o próprio cérebro, ver mais adiante) recebem a mistura necessária de estabilidade (do tipo hiperbólico, não-assimptótico) e a habilidade de mudar flexivelmente entre estados coordenados "metaestáveis".

- É quase óbvio que as Equações (2) e (4) podem ser facilmente elaboradas para a coordenação de componentes múltiplos e anatomicamente diferentes (por exemplo, Collins & Stewart, 1993; Schöner, Jiang & Kelso, 1990; Jeka, Kelso & Kiemel, 1993). A pesquisa experimental identificou esses componentes individuais como osciladores não-lineares que – sendo os arquétipos do comportamento tempo-dependente – são ingredientes essenciais das dinâmicas da evolução não-monotônica, seja ela regular ou irregular (Bergé et al., 1984). Recentemente, Jirsa et al. (1994) postularam que o acoplamento HKB original

$$K_{12} = (\dot{X}_1 - \dot{X}_2)\{\alpha + \beta(X_1 - X_2)^2\} \qquad (5)$$

onde α e β são parâmetros de acoplamento e X_1 e X_2 correspondem aos osciladores não lineares auto-sustentados, pode ser um acoplamento biofísico fundamental. A razão disto é que a Equação (5) fornece a maneira mais simples de acoplar componentes de modo a garantir propriedades críticas para os seres vivos: multiestabilidade, flexibilidade e transições entre estados coordenados. Uma outra razão, é claro, é que as básicas dinâmicas de coordenação auto-organizadas, Equações (2) e (4), podem ser derivadas usando a Equação (5).

Resumindo, as Equações (5) e (4) representam, respectivamente, formas elementares de acoplamento e de coordenação. As dinâmicas de coordenação básicas contêm (a) nenhuma coordenação; (b) coordenação absoluta (quando dois ou mais componentes sincronizam-se em uma mesma freqüência e mantêm uma relação fixa; e (c) coordenação relativa (a *tendência* para uma atração de fase mesmo quando as freqüências constituintes não são as mesmas). Todas estas formas diferentes de auto-organização têm uma explicação, a saber, elas são padrões que emergem em diferentes regimes de parâmetros das dinâmicas de coordenação identificadas. No cerne dessas dinâmicas reside a simetria espaço-temporal que, quando quebrada, gera uma estrutura para os seres vivos que inclui formação de padrões, mudança de padrão e intermitência. Mostrou-se experimentalmente que as dinâmicas Equações (2), (3) e (4) têm uma coordenação entre (a) componentes de um organismo; (b) os próprios organismos; e (c) os organismos e o ambiente (ver Kelso, 1994, para uma revisão) e fornecem as bases para maiores avanços experimentais e teóricos, um dos quais é tratado a seguir.

A auto-organização no cérebro

O cérebro é um sistema auto-organizado formador de padrões? Mais especificamente, existem mudanças de fase no cérebro, e, se esse for o caso, que forma elas assumem? Como é possível capturar a imensa complexidade padronizada, no espaço e no tempo, do "tear encantado" de Sherrington? Pelo menos três coisas são necessárias para responder a estas perguntas: um conjunto adequado de conceitos teóricos e as estratégias metodológicas correspondentes; uma tecnologia que permita a análise da dinâmica global do cérebro; e um claro paradigma experimental que remova as complicações mas retenha os aspectos essenciais. Nesta seção apresentamos um resumo de trabalhos recentes (ver Kelso et al., 1991, 1992; Fuchs, Kelso & Haken, 1992; Fuchs & Kelso, 1993, para maiores detalhes) que tenta incorporar todas essas características.

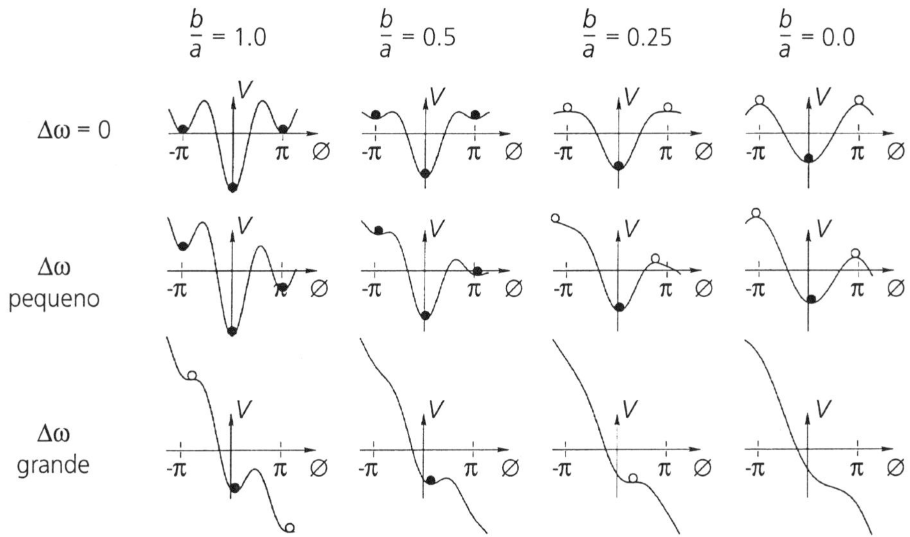

$$\Delta (\varnothing) = -\Delta\, \omega \varnothing - a \cos \varnothing - b \cos 2\varnothing$$

FIGURA 4 – O potencial HKP como função da razão b/a para diferentes valores de $\Delta\varpi$. Os círculos pretos indicam atratores de ponto fixo estável; os círculos brancos são pontos fixos instáveis. Figura superior: $\Delta\varpi = 0$: o potencial é simétrico, com mínimos inicialmente situados em $\phi = 0$ e $\phi = \pm\pi$ (ver texto). Figura central: $\Delta\varpi$ pequeno: o potencial é assimétrico, com mínimos ligeiramente deslocados. Figura inferior: $\Delta\varpi$ grande: apenas o mínimo deslocado próximo de $\phi = 0$ é inicialmente estável, e a seguir ele também desaparece. Notar como "remanescentes" dos pontos fixos anteriormente estáveis permanecem para certos valores de parâmetro de b/a.

O experimento envolve mudanças de coordenação sensório-motora em um paradigma introduzido por Kelso, DelColle & Schöner (1990). Um indivíduo (ver também Wallestein et al., 1993) é submetido a estímulos acústicos periódicos e instruído a apertar um botão entre dois tons consecutivos, isto é, a sincopar com o estímulo. A freqüência do estímulo começa com 1 Hz e é aumentada, em 8 etapas, de 0,25 Hz a cada 10 tons. Numa certa freqüência crítica o indivíduo não consegue mais sincopar e passa espontaneamente para um padrão de coordenação agora sincronizado com o estímulo. Durante esses testes, a atividade cerebral é registrada utilizando-se um SQUID de 37 sensores localizado no córtex parieto-temporal esquerdo, como mostrado nas Figura 5a, b e c. Os SQUIDs (dispositivos supercondutores de interferência quântica) dão acesso à formação de padrões espaço-temporais de campos magnéticos gerados pelo fluxo de correntes intracelulares dendríticas. Na medida em que o crânio e o couro cabeludo são transparentes a campos magnéticos gerados dentro do cérebro, e o dispositivo é suficientemente grande para cobrir uma porção substancial do neocórtex humano, esta nova ferramenta de pesquisa abre uma janela (não invasiva) com vista para a organização espaço-temporal do cérebro e sua relação com o comportamento no tempo real.

A Figura 5d mostra os dados médios de dois sensores SQUID antes e depois da mudança de comportamento sincopado para sincronizado. Os quadrados brancos marcam o instante no tempo em que ocorreu o estímulo; os quadrados pretos correspondem ao pressionamento do botão (com o dedo direito). Antes da transição, estímulo e resposta estão em antifase. Após a transição, as respostas do indivíduo estão quase em-fase com o estímulo. A atividade neural do cérebro mostra uma forte periodicidade durante a tarefa de percepção-ação, especialmente na região de pré-transição. Após a transição, a amplitude cai (apesar de os movimentos serem mais rápidos) e os sinais parecem mais ruidosos. Este resultado é paradoxal mas extremamente interessante. Por um lado, o comportamento sincronizado é mais estável que o sincopado e, por outro, a atividade cerebral durante a sincronização é menos coerente que a sincopação, como podemos facilmente visualizar na Figura 5d. A dificuldade das condições da tarefa parece determinar a coerência do sinal.

Um resultado extraordinário pode ser visto na Figura 5e, que superpõe a fase relativa entre estímulo e resposta (quadrados pretos) à fase relativa entre estímulo e sinais cerebrais para dois sensores SQUID representativos (quadrados brancos; o conjunto completo de dados pode ser visto em Kelso et al., 1992). As linhas verticais pontilhadas indicam os pontos onde a freqüência do estímulo mudou durante o experimento. As linhas horizontais representam uma diferença de fase de π radianos. Como é de esperar, os dados de SQUID são um tanto mais ruidosos que os dados sobre o comportamento. Apesar disso, a fase relativa indica uma nítida transição tanto cerebral como comportamental, a qual tipicamente se desloca lentamente para cima e oscila antes de mudar, um sinal definitivo de aproximação da instabilidade. A desaceleração crítica é indicada pelo fato de ambos, o cérebro e o comportamento, ficarem mais perturbados pela *mesma* magnitude de perturbação (um grau de mudança de 0,25 Hz) à medida que o ponto crítico se aproxima. Ao nos aproximarmos da transição, é preciso cada vez mais tempo para retornarmos ao valor da fase relativa anterior à perturbação. Em outras palavras, a formação de padrões e a mudança tornam-se uma instabilidade dinâmica. Notavelmente, a coerência dos sinais cerebrais e comportamentais é capturada pelo mesmo parâmetro de ordem macroscópico, a fase relativa. Existe, digamos assim, um abstrato "isomorfismo de parâmetro de ordem" entre o cérebro e os eventos comportamentais.

Para poder caracterizar todo o arranjo espacial de 37 sensores à medida que ele evolui no tempo, realizou-se uma decomposição segundo o método de Karhunen-Loève (KL) (Friedrich, Fuchs & Haken, 1991; Fuchs, Kelso & Haken, 1992). Este procedimento também é conhecido como a análise do componente principal ou decomposição do valor singular. O sinal espaço-temporal $H(x,t)$ pode ser decomposto em modos espaciais tempo-independentes $\phi_i(x)$ e suas amplitudes correspondentes $\xi_i(t)$:

$$H(x,t) = \sum_{i=1}^{N} \xi_i(t)\phi_i(x). \qquad (6)$$

Se as funções $\phi_i(x)$ forem escolhidas adequadamente, um truncamento desta expansão para um N pequeno (digamos, $N < 5 \ldots 10$) nos dá uma boa aproximação do conjunto de dados original. A decomposição KL é ótima no sentido em que minimiza o erro médio quadrático para cada ponto de truncamento. Resulta que apenas alguns poucos modos são necessários para explicar a maior parte da variância dos sinais cerebrais.

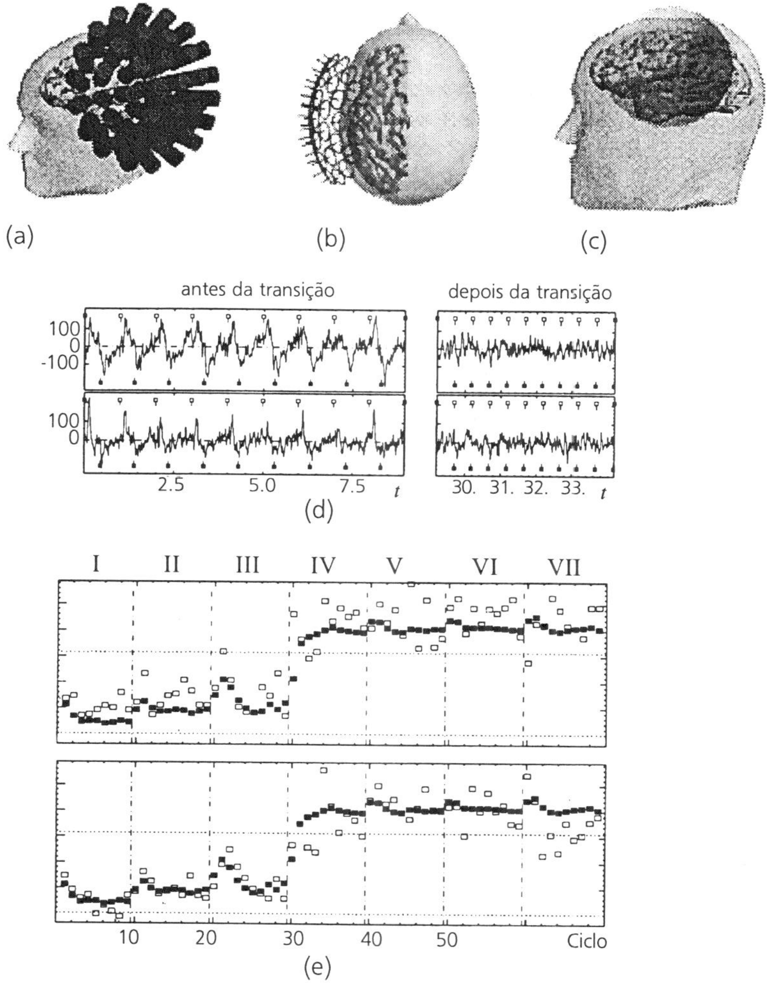

FIGURA 5 – (a) Reconstrução da cabeça do indivíduo e localização dos sensores do SQUID. (b) Construção do modelo de córtex utilizando imagens de ressonância magnética. Os cortes foram feitos em um plano coronal com um espaçamento de 3,5 mm. A localização e orientação de cada sensor do SQUID está superposta. (c) Exemplo de atividade do campo magnético detectada pelo SQUID e mostrada no modelo de cabeça-córtex. (d) Série temporal para dois sensores antes e depois da transição. (e) Fase relativa superposta (eixo -y) calculada na freqüência do estímulo de cada ciclo para o comportamento ao longo do tempo (quadrados pretos) e dois dos sensores (quadrados brancos). Ver texto para maiores detalhes.

A Figura 6 (superior, central) mostra o formato espacial das funções obtidas pela expansão KL e suas amplitudes para os dois modos mais dominantes, isto é, os dois maiores autovalores. Para o modo superior, que cobre cerca de 60% da potência dos sinais, observa-se um forte componente periódico ao longo de toda a série temporal. Entretanto, os espectros mostram que existe uma mudança qualitativa entre regiões pré-e pós-transição. No regime de pré-transição, a dinâmica é dominada pelo primeiro modo KL oscilando na freqüência do estímulo (e resposta) do comportamento. No ponto de transição, uma mudança ocorre e o segundo modo KL mostra um grande componente de freqüência no dobro da freqüência do estímulo (Figura 6, central).

Como mencionado anteriormente, o padrão de sincopação (antifase) não é estável ao ultrapassarmos uma certa freqüência crítica, e observa-se uma mudança espontânea para um padrão de sincronização (em fase). Podemos ver na Figura 6 (inferior) que o primeiro modo KL (quadrados pretos) exibe uma nítida variação de π no ponto de transição. Observem que a fase do sinal cerebral e do comportamento sensório-motor tornam-se quase idênticos na região de pré-transição; enquanto, depois da transição, o sinal do cérebro torna-se mais difuso mesmo quando o componente sensório-motor fica mais regular. O comportamento de relaxamento, típico da desaceleração crítica, fica mais uma vez evidente.

Resumindo, embora o cérebro possua uma enorme heterogeneidade estrutural e suas dinâmicas sejam, em geral, não-estacionárias, é possível – sob condições bem definidas – demonstrar seu caráter formador de padrões. Partindo de um estado espontâneo incoerente ou "de repouso", o cérebro manifesta padrões coerentes espaço-temporais assim que ele se confronta com uma tarefa que tenha sentido. Analogamente a muitos sistemas complexos de não-equilíbrio estudados pela sinergética, mudanças espontâneas de padrões espaço-temporais ocorrem no cérebro para valores críticos do parâmetro de controle, as quais são medidas, por exemplo, em termos de fases relativas, propriedades espectrais dos modos espaciais etc. Notavelmente, essas quantidades exibem assinaturas preestabelecidas de instabilidades de formação de padrões no sistema auto-organizante (sinergético). Os trabalhos teóricos atuais estão devotados à modelagem das dinâmicas que observamos aqui. Estudos empíricos, utilizando um arranjo de 64 sensores que abrange toda a cabeça, também estão sendo realizados. A maravilhosa imagem de Sherrington do tear encantado onde milhões de velozes lançadeiras tecem um padrão que nunca permanece mas sempre faz sentido começa, ao que parece, a ser percebida.

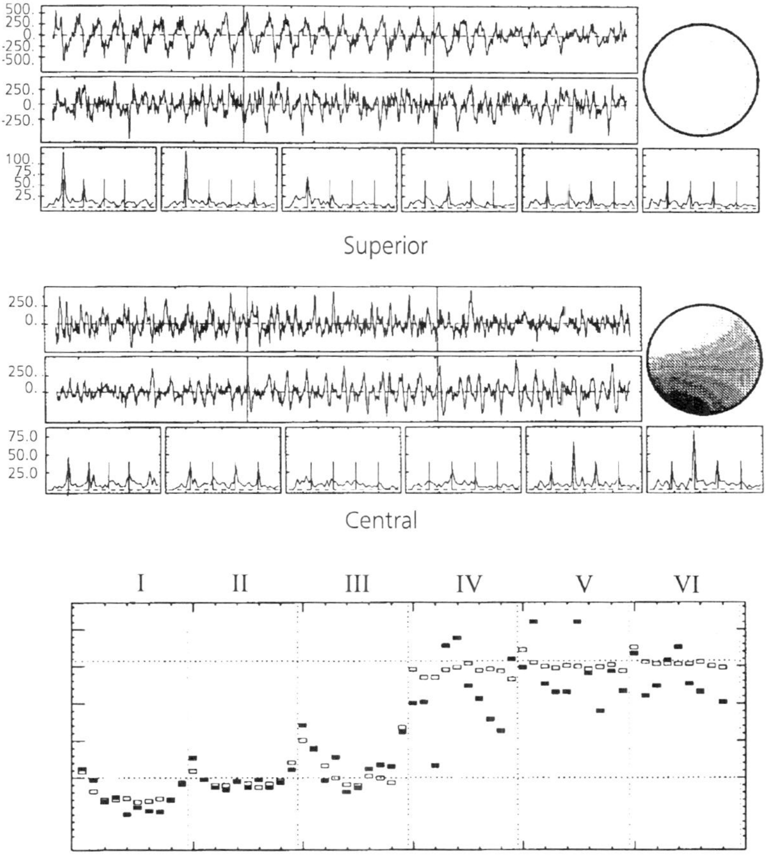

FIGURA 6 – Dinâmica dos dois primeiros modos espaciais (KL) que capturam cerca de 75% da variância no conjunto de sinais. Figura superior (direita) Modo KL dominante. Amplitudes e espectros de força nos platôs de freqüência I-IV. Figura central (direita): segundo modo KL e amplitudes e espectros correspondentes. Figura inferior: fase relativa do comportamento (quadrados brancos) e a amplitude do modo superior (retângulos pretos) com relação ao estímulo. Notem as mudanças qualitativas nas três apresentações perto do início do Platô IV. (Ver texto para maiores detalhes.)

Comentários finais

Ao longo dos anos, biólogos de destaque têm argumentado que os métodos de se fazer ciência com objetos inanimados são totalmente inadequados para um trabalho científico com seres vivos, especialmente aqueles que possuem um cérebro e intencionalidade. Por outro lado, quando físicos renomados pensam sobre propriedades exóticas dos seres vivos como a consciência, eles procuram uma pista nas ligações entre teorias da física como a mecânica quântica e a relatividade especial. Podemos apenas conjecturar por que a física dos fenômenos cooperativos e da auto-organização em sistemas abertos de não-equilíbrio é ignorada tanto por uns como por outros. Em particular, a sinergética e abordagens afins mostraram que a natureza recorrentemente utiliza os mesmos princípios para produzir formas "novas" na escala macroscópica. Estas são propriedades globais do sistema: elas são explicitamente coletivas e (em geral) bem independentes do material que lhes dá sustentação. Sob certas condições, a matéria comum exibe um extraordinário comportamento "vivo", incluindo a formação espontânea de padrões, a mudança de padrões e a criação e eliminação de formas. Este artigo fala apenas de uma pequena parte das possibilidades; esperamos que isto baste para encorajar maiores explorações da tese de que os seres vivos são *fundamentalmente* sistemas de não-equilíbrio, onde novos padrões emergem e se mantêm de forma relativamente autônoma.

O quê, então, separa os mortos dos vivos? Schrödinger propôs idéias como "a ordem a partir do princípio da ordem", "alimentar-se de entropia negativa" e "sólido aperiódico". O maior enfoque dado a este último conceito promoveu a bioquímica e criou a biologia molecular, mas não muita "nova física". Entretanto, é possível argumentar que sistemas abertos de não-equilíbrio têm muito a ensinar sobre a organização dos seres vivos – e vice-versa. Algumas das evidências aqui resumidas mostram que entidades vivas, incluindo o cérebro humano, tendem a "morar" em estados coordenados metaestáveis e localizados próximos à instabilidade, onde eles podem mudar flexivelmente. Os seres vivos existem na vizinhança da criticalidade, onde podem antecipar o futuro e não apenas reagir ao presente. Tudo isto envolve a "nova" física da auto-organização, onde, a propósito, nenhum nível é mais, ou menos, fundamental que outro.

Para grande parte da biologia dominante, a fonte principal da organização biológica não é ser um sistema aberto mas o fato de organismos serem controlados por um programa. Para muitos geneticistas e biólogos, o caráter teleonômico do organismo deve-se especificamente a um *programa genético*. Isto os organismos condividem com as máquinas feitas pelo homem, e é aquilo que os distingue da natureza inanimada. Segundo estes pontos de vista, tudo o que precisamos saber é que existe um programa causalmente responsável pela metadirecionalidade dos seres vivos: como o programa se origina é uma questão irrelevante.

A física da auto-organização em sistemas abertos de não-equilíbrio já fornece propriedades "de vida" mesmo sem um genoma. Robert Rosen (1991) sugeriu que o comportamento livre de sistemas abertos é apenas o tipo de coisa que os genes mendelianos podem "forçar". Mas descrever o gene, mesmo conceitualmente, como um programa para mandar instruções às células para que se organizem, diminui a complexidade do gene. Quanto mais aprendemos sobre o material genético, mais o próprio gene parece um sistema dinâmico auto-organizado. Programas, afinal de contas, são escritos por programadores. Quem ou o que programa o programa genético?

Falando especulativamente, mas de forma verdadeiramente reducionista, chegará o dia em que a distinção que se faz entre genótipo e fenótipo desaparecerá. Mesmo Darwin, e Lorenz mais tarde, reconheceram que o próprio comportamento surge de ações coordenadas que promovem a sobrevivência do indivíduo e portanto da espécie. Nesta e em outras contribuições mostrou-se que certas formas básicas de coordenação estão sujeitas a princípios de auto-organização. A relação genótipo-fenótipo poderia, então, ser eventualmente interpretada como dinâmicas auto-organizadas condivididas que agem em diferentes escalas de tempo. Se esse for o caso, podemos invocar o princípio de escravidão da sinergética: as quantidades que mudam lentamente são os parâmetros de ordem a escravizar as partes que se ajustam rapidamente. Se o *pool* de genes de uma espécie for considerado algo que varia devagar ao longo da vida de um indivíduo (um ser humano, um animal ou uma planta), então com certeza os genes escravizam o indivíduo, lembrando-nos da tese de Dawkins (1976) sobre o gene egoísta. Mas, o que acontecerá se o indivíduo (ele ou ela) puder influenciar seus genes? Esta é, atualmente, uma questão bastante não-ortodoxa que implica que Lamarck poderia emergir mais uma vez. A linguagem, a cultura, a ciência e assim por diante são certamente outros parâmetros de ordem agindo sobre os humanos. Eles, além dos genes, contribuem para a formação de um indivíduo.

Referências bibliográficas

BABLOYANTZ, A. *Molecule, Dynamics and Life*. New York: Wiley. 1989.

BAK, P. Self-organized criticality and gaia. In: STEIN, W. D., VARELA, F. J. (Ed.) *Thinking about Biology*, p.255-68. Reading, MA: Addison Wesley. 1993.

BERGÉ, P. POMEAU, Y., VIDAL, C. *Order Within Chaos*. Paris: Hermann. 1984.

BUCHANAN, J. J., KELSO, J. A. S. Posturally induced transitions in rythmic multijoint limb movements. *Experimental Brain Research*, v.94, p.131-42, 1993

COLLET, P., ECKMANN, J. P. *Instabilities and Fronts in Extended Systems*. Princeton: Princeton University Press. 1990.

COLLINS, J. J., STEWARD, I. N. Coupled nonlinear oscillators and the symmetries of animal gaits. *Journal of Nonlinear Science*, v.3, p.349-92, 1993.

CRICK, F. H. C. *Of Molecules and Men*. Seattle: University of Washington Press. 1966.

DAWKINS, R. *The Selfish Gene*. Oxford: Oxford University Press. 1976.

DYSON, F. *Origins of Life*. Cambridge: Cambridge University Press. 1985.

FRIEDRICH, R., FUCHS, A., HAKEN, H. In: HAKEN, H., KÖPCHEN, P. (Ed.) Synergetics of Rythms. Berlin: Springer, 1991.

FUCHS, A., KELSO, J. A. S. Pattern formation in the human brain during qualitative changes in sensorimotor coordination. *World Congress on Neural Networks*, v.4, p.476-9, 1993.

FUCHS, A., KELSO, J. A. S., HAKEN, H. Phase transitions in the human brain: spatial mode dynamics. *International Journal of Biofurcation and Chaos*, v.2, n.4, p.917-39, 1992.

HAKEN, H. Cooperative phenomena in systems far from equilibrium and in non-physical systems. *Reviews in Modern Physics*, v.47, p.67-121, 1975.

______. *Synergetics*: An Introduction. Berlin: Springer. 1977.

HAKEN, H., KELSO, J. A. S., BUNS, H. A theoretical model of phase transitions in humam hand movements. *Biological Cybernetics*, v.51, p.347-56, 1985.

HO, M. W. *The Rainbow and the Worm*. Singapore: World Scientific. (No prelo).

HOLST, E. von Relative coordination as a phenomenon and as a method of analysis of central nervous function. In: MARTIN, R. (Ed.) *The Collected Papers of Erich von Holst*. Coral Gables, FL: University of Miami, 1939. p.3-135 [1973].

IBERALL, A. S., SOODAK, H. A physics for complex systems. In: YATES, F. E. (Ed.) *Self-organizing Systems*: The Emergence of Order. New York, London: Plenum, 1987.

JEKA, J. J., KELSO, J. A. S., KIEMEL, T. Pattern switching in human multilimb coordination dynamics. *Bulletin of Mathematical Biology*, v.55, n.4, p.829-45, 1993.

JIRSA, V. K., FRIEDRICH, R., HAKEN, H. KELSO, J. A. S. A theoretical model of phase transitions in the human brain. *Biological Cybernetics*, v.71, p.27-35, 1994.

KAUFFMAN, S. A. *Origins of Order*: Self-organization and Selection in Evolution. Oxford: Oxford University Press, 1993.

KELSO, J. A. S. On the oscillatory basis of movement. *Bulletin of the Psychonomic Society*, v.18, n.63, 1981.

______. Phase transition and critical behaviour in human bimanual coordination. *American Journal of Physiology*: Regulatory, Integrative and Comparative Physiology, v.15, p.R1000-R1004, 1984.

______. Introductory remarks: Dynamic patterns. In: KELSO, J. A. S., MANDELL, A. J., SCHLESINGER, M. F. (Ed.) *Dynamic Patterns in Complex Systems*. Singapore: World Scientific, 1988. p.1-5.

______. Phase transitions: foundations of behaviour. In: HAKEN, H. (Ed.) *Synergetics of Cognition*. Berlin: Springer, 1990. p.249-68.

______. Elementary coordination dynamics. In: SWINNEN, S., HEUER, H., MASSION, J., CASAER, P. (Ed.) *Interlimb Coordination*: Neural, Dynamical and Cognitive Constants. New York: Academic Press, 1994.

KELSO, J. A. S., BRESSLER, S. L., BUCHANAN, S., DeGUZMAN, G. C., DING, M., FUCHS, A., HOLROYD, T. Cooperative and critical phenomena in the human brain revealed by multiple SQUIDS. In: DUKE, D., PRITCHARD, W. (Ed.) *Measuring Chaos in the Human Brain*. Singapore: World Scientific, 1991. p.97-112.

______. A phase transition in human brain and behaviour. *Physics Letters*, v.A169, p.134-44, 1992.

KELSO, J. A. S., DeGUZMAN, G. C., HOLROYD, T. The self-organized phase attractive dynamics of coordination. In: BABLOYANTZ, A. (Ed.) *Self-organization, Emerging Properties and Learning*, Series B, v.260, p.42-62, New York: Plenum, 1991.

KELSO, J. A. S., DelCOLLE, J. D., SCHÖNER, G. Action-perception as a patternformation process. In: JEANNEROD, M. (Ed.) *Attention and Performance XIII*. Hillsdale, NJ: Erlbaum, 1990. p.139-69.

KELSO, J. A. S., DING, M., SCHÖNER, G. Dynamic pattern formation: a primer. In: BASKIN, A., MITTENTHAL, J. (Ed.) *Principles of Organization in Organisms*. Redwood City, CA: Addison Wesley, 1992. p.397-439.

KELSO, J. A. S., JEKA, J. J. Symmetry breaking dynamics of human multilimb coordination. *Journal of Experimental Psychology*: Human Perception and Performance, v.18, p.645-68, 1992.

KELSO, J. A. S., SCHOLTS, J. P. Cooperative phenomena in biological motion. In: HAKEN, H. (Ed.) *Complex Systems*: Operational Approaches in Neurobiology, Physical Systems and Computers. Berlin: Springer, 1985. p.124-49.

KELSO, J. A. S., SCHOLTZ, J. P., SCHÖNER, G. Non-equilibrium phase transitions in coordinated biological motion: critical fluctuations. *Physics Letters*, v.A118, p.279-84, 1986.

______. Dynamics governs switching among patterns of coordination in biological movements. *Physics Letters*, v.A134, n.1, p.8-12, 1988.

KURAMOTO, Y. *Chemical Oscillations, Waves and Turbulence*. Berlin: Springer, 1984.

MADDOX, J. The dark side of molecular biology. *Nature*, v.363, n.13, 1993.

MAYR, E. *Toward a New Philosophy of Biology*. Cambridge, MA: Harvard University Press, 1988.

MOORE, W. *Schrödinger, Life and Thought*. Cambridge: Cambridge University Press, 1989.

NICOLIS, G., PRIGOGINE, I. *Exploring Complexity*: An Introduction. San Francisco: Freeman, 1989.

PATTEE, H. H. Physical theories of biological coordination. In: GRENE, M., MENDELSOHN, E. (Ed.) *Topics in the Philosophy of Biology*. Boston: Reidel, v.27, p.153-73, 1976.

ROSEN, R. *Life Itself*. New York: Columbia University Press, 1991.

SCHMIDT, R. C., CARELLO, C., TURVEY, M. T. Phase transitions and critical fluctuations in the visual coordination of rythmic movements bewteen people. *Journal of Experimental Psychology*: Human Perception and Performance, v.16, n.2, p.227-47, 1990.

SCHMIDT, R. C., SHAW, B. K., TURVEY, M. T. Coupling dynamics in interlimb coordination. *Journal of Experimental Psychology*: Human Perception and Performance, v.19, p.397-415, 1993.

SCHOLZ, J. P., KELSO, J. S., SCHÖNER, G. Non-equilibrium phase transitions in coordinated biological motion: critical slowing down and switching time. *Physics Letters*, v.A123, p.390-4, 1987.

SCHÖNER, G., HAKEN, H., KELSO, J. A. S. A stochastic theory of phase transitions in human hand movements. *Biological Cybernetics*, v.53, p.442-52, 1986.

SCHÖNER, G., JIANG, W. Y., KELSO, J. A. S. A synergetic theory of quadrupedal gaits and gait transitions. *Journal of Theoretical Biology*, v.142, n.3, p.359-93, 1990.

SCHÖNER, G., KELSO, J. A. S. Dynamic pattern generation in behavioral and neural systems. *Science*, v.239, p.1513-20, 1988a.

______. A synergetic theory of environmentally-specified andlearned patterns of movement coordination. III. Component oscillator dynamics. *Biological Cybernetics*, v.58, p.81-9, 1988b.

SCHRÖDINGER, E. *What is Life?* Cambridge: Cambridge University Press, 1944.

SHIK, M. L., SEVERIN, F. V., ORLOVSKII, G. N. Control of walking and running bymeans of electrical stimulation. *Biophysics*, v.11, p.1011, 1966.

SWINNEN, S., HEUER, H., MASSION, J., CASAER, P. (Ed.) *Interlimb Coordination*: Neural, Dynamical and Cognitive Constants. New York: Academic Press, 1994.

WALLESTEIN, G. V., BRESSLER, S. L., FUCHS, A., KELSO, J. A. S. Spatiotemporal dynamics of phase transitions in the human brain. In: *Society for Neuroscience Abstracts*, v.19, p.1606. Washington DC: Society for Neuroscience, 1993.

WIMMERS, R. H., BECK, P. J., WIERINGEN, P. C. W. van Phase transitions in rythmic tracking movements: A case of unilateral coupling. *Human Movement Science*, v.11, p.217-26, 1992.

WOLPERT, L. *The Triumph of the Embryo*. Oxford: Oxford University Press, 1991.

WUNDERLIN, A. On the slaving principle. *Springer Proceedings in Physics*, Berlin, Springer, v.19, p.140-7, 1987.

ZANONE, P. G., KELSO, J. A, S. Evolution of behavioural attractors with learning: nonequilibrium phase transitions. *Journal of Experimental Psychology*: Human Perception and Performance, v.18, n.2, p.403-21, 1992.

12

ORDEM A PARTIR DA DESORDEM: A TERMODINÂMICA DA COMPLEXIDADE BIOLÓGICA

ERIC D. SCHNEIDER[1]
JAMES J. KAY[2]

Introdução

Em meados do século XIX surgiram duas teorias científicas importantes sobre a evolução de sistemas naturais no tempo. A termodinâmica refinada por Boltzmann via a natureza como degenerando em direção à morte inevitável da desordem aleatória, de acordo com a Segunda Lei da Termodinâmica. Esta visão de sistemas naturais pessimista e ávida por equilíbrio contrasta com o paradigma, associado a Darwin, da crescente complexidade, especialização e organização de sistemas biológicos através do tempo. A fenomenologia de muitos sistemas naturais mostra que grande parte do mundo é habitada por estruturas coerentes que não estão em equilíbrio, como células de convecção, reações químicas autocatalíticas e a própria vida. Os sistemas vivos mostram uma marcha que se afasta da desordem e do equilíbrio em direção a estruturas altamente organizadas, as quais existem a uma certa distância do equilíbrio.

1 Hawkwood Institute, P.O. Box 1017, Livingston, MT 59047, USA.
2 Environment and Resource Studies, University of Waterloo, Waterloo, Ontario, Canada N21 3G1.

Esse dilema motivou Erwin Schrödinger. No seu fértil livro *O que é vida?* (Schrödinger, 1944), ele tentou aproximar os processos fundamentais da biologia às ciências da física e da química. Schrödinger notou que a vida compreendia dois processos fundamentais: um sendo a ordem a partir da ordem e o outro a ordem a partir da desordem. Ele observou que o gene gerava a ordem da ordem em uma espécie, isto é, a progênie herdava as características dos pais. Uma década mais tarde, Watson & Crick (1953) presentearam a biologia com uma agenda de pesquisa que tem levado a algumas das descobertas mais importantes dos últimos 50 anos.

Entretanto, a igualmente importante porém menos compreendida observação de Schrödinger foi sua premissa sobre a ordem a partir da desordem. Essa foi uma tentativa de relacionar a biologia com os teoremas fundamentais da termodinâmica (Schneider, 1987). Schrödinger notou que os sistemas vivos parecem desafiar a Segunda Lei da Termodinâmica, a qual insiste que, em sistemas fechados, a entropia do sistema deveria ser maximizada. Os sistemas vivos, no entanto, são a antítese de tal desordem. Eles exibem maravilhosos níveis de ordem criada da desordem. Por exemplo, as plantas são estruturas altamente organizadas, sintetizadas a partir de átomos e moléculas desorganizadas presentes na forma de gases atmosféricos e sólidos.

Schrödinger resolveu esse dilema recorrendo à termodinâmica do não-equilíbrio. Ele reconheceu que os sistemas vivos existem em um mundo de fluxos de energia e matéria. Um organismo mantém-se vivo no seu estado altamente organizado retirando energia de alta qualidade do meio externo e processando-a para produzir, dentro de si, um estado mais organizado. A vida é um sistema longe do equilíbrio que mantém seu nível local de organização às custas de um maior orçamento global de entropia. Schrödinger propôs que o estudo de sistemas vivos visto de uma perspectiva de não-equilíbrio reconciliaria a auto-organização biológica e a termodinâmica. Além disso, considerou que um tal estudo poderia produzir novos princípios físicos.

Este artigo analisa o programa de pesquisa da ordem a partir da desordem proposto por Schrödinger e se estende sobre sua visão termodinâmica da vida. Explicamos que a Segunda Lei da Termodinâmica não é impedimento para uma compreensão da vida, mas algo necessário para uma descrição completa dos processos da vida. Estendemos a termodinâmica até a causalidade do processo da vida e mostramos que a Segunda Lei enfatiza a auto-organização e determina a direção de muitos dos processos observados no desenvolvimento de sistemas vivos.

Preliminares termodinâmicos

Tem sido mostrado que a termodinâmica se aplica a todos os sistemas de trabalho e energia, incluindo aqueles clássicos de temperatura-volume-pressão, os de cinética química, os eletromagnéticos e quânticos. Poderíamos considerar que a termodinâmica aborda o comportamento de sistemas em três situações diferentes: 1. sistemas em equilíbrio (termodinâmica clássica), por exemplo as ações de grandes números de moléculas em um sistema fechado; 2. sistemas que se encontram a uma certa distância do equilíbrio e irão voltar ao equilíbrio, como as moléculas em dois frascos conectados por um registro fechado; um dos frascos retém mais moléculas que o outro e ao abrirmos o registro o sistema chegará ao estado de equilíbrio de igual número de moléculas em cada frasco; e 3. sistemas que foram afastados do equilíbrio e são vinculados por gradientes que os mantêm a uma certa distância do equilíbrio, por exemplo dois frascos conectados sob um gradiente de pressão que força mais moléculas em um deles.

Exergia (*exergy*) é um conceito central na nossa discussão da ordem a partir da desordem. A energia varia na sua qualidade ou capacidade de realizar trabalho útil. Durante qualquer processo químico ou físico, a qualidade ou capacidade da energia de realizar trabalho é irremediavelmente perdida. A exergia é a medida da capacidade máxima de um sistema energético de realizar trabalho útil enquanto prossegue em direção ao equilíbrio com o ambiente. (Brzustowski & Golem, 1978; Ahern, 1980).

A Primeira Lei da Termodinâmica surgiu dos esforços de compreender a relação entre calor e trabalho. A Primeira Lei diz que a energia não pode nem ser criada nem destruída e que a energia total em um sistema fechado ou isolado permanece a mesma. Entretanto, a qualidade da energia no sistema (por exemplo, o conteúdo de exergia) pode mudar. A Segunda Lei da Termodinâmica exige que se existirem quaisquer processos em andamento no sistema, a qualidade da energia (a exergia) nesse sistema irá se degradar. A Segunda Lei também pode ser enunciada como a medida quantitativa da irreversibilidade, a entropia, cuja mudança é maior que zero para qualquer processo real. A

Segunda Lei pode alternativamente ser enunciada como: qualquer processo real somente pode prosseguir em uma direção que resulte em aumento de entropia.

Em 1908, a termodinâmica avançou mais um pouco graças ao trabalho de Carathéodory (Kestin, 1976), que desenvolveu a prova de que a lei do "aumento de entropia" não é o enunciado geral da Segunda Lei. O enunciado mais abrangente da Segunda Lei da Termodinâmica é: "Na vizinhança de qualquer estado de qualquer sistema fechado existem estados que são inacessíveis a partir dele, ao longo de qualquer caminho adiabático reversível ou irreversível". Ao contrário das definições anteriores, esta não depende nem da natureza do sistema, nem de conceitos como entropia ou temperatura.

Mais recentemente, Hatsopoulos & Keenan (1965) e Kestin (1968) resumiram a zeroésima, a Primeira e a Segunda Leis da Termodinâmica em um Princípio Unificado da Termodinâmica: "Quando um sistema isolado realiza um processo depois da remoção de uma série de vínculos internos, ele vai alcançar um estado único de equilíbrio: tal estado independe da ordem em que os vínculos são removidos". Isto descreve o comportamento da segunda classe de sistemas, que estão a uma certa distância do equilíbrio mas são forçados a permanecer em um estado de não-equilíbrio. A importância desta afirmação é que ela determina a direção e um estado final para todos os processos reais. Esta afirmação nos diz que um sistema chegará ao equilíbrio que os vínculos permitirem.

Sistemas dissipativos

Os princípios delineados anteriormente valem para sistemas fechados isolados. No entanto, uma classe de fenômenos mais interessante pertence à terceira categoria de sistemas, os quais estão abertos ao fluxo de energia e/ou matéria e encontram-se em estados quase-estáveis a uma certa distância do equilíbrio. (Nicolis & Prigogine, 1977/1989). Sistemas organizados não vivos (como células de convecção, tornados e *lasers*) e sistemas vivos (desde as células aos ecossistemas) dependem de fluxos energéticos externos para manter sua organização e dissipam gradientes de energia para realizar esses processos de auto-organização. Tal organização é mantida à custa de aumentar a entropia do sistema "global" maior em que a estrutura está imersa. Nestes sistemas dissipativos, a mudança total de entropia é a soma da produção interna de entropia no sistema (que é sempre maior que ou igual a zero) e a troca de entropia com o ambiente, que pode ser positiva, negativa ou zero. Para que o sistema se mantenha em um estado constante de não-equilíbrio, a troca de entropia precisa ser negativa e igual à entropia gerada por processos internos, como o metabolismo.

Estruturas dissipativas estáveis ao longo de uma série finita de condições são melhor representadas por ciclos de retroalimentação autocatalíticos positivos. Células de convecção, furacões, reações químicas autocatalíticas e sistemas vivos são todos exemplos de estruturas dissipativas distantes do equilíbrio que exibem um comportamento coerente.

A transição da condução para o aparecimento da convecção em um líquido aquecido (células de Bénard) é um exemplo impressionante de organização coerente que emerge em resposta a uma entrada de energia externa (Chandrasekhar, 1961). Nos experimentos das células de Bénard, a superfície inferior de um líquido é aquecida e a superfície superior é mantida a uma temperatura mais baixa. O fluxo de calor inicial pelo sistema se dá por interação molécula-molécula. Quando o fluxo de calor alcança um valor crítico, o sistema torna-se instável e a ação molecular do líquido passa a ser coerente; surge a rotação convectiva, resultando em padrões de superfície hexagonais a espiralados coerentes e altamente estruturados (células de Bénard). Tais estruturas aumentam a velocidade de transferência de calor e de destruição de gradiente no sistema. A transição de estruturas não-coerentes para coerentes é a resposta do sistema às tentativas de afastá-lo do equilíbrio. (Schneider & Kay, 1994). A mudança da não-coerente transferência de calor molécula-molécula para uma estrutura coerente resulta em um excesso de 10^{22} moléculas agindo de maneira altamente organizada. Esta ocorrência aparentemente improvável é o resultado direto do gradiente de temperatura que foi aplicado e da dinâmica do sistema à disposição, e é a resposta do sistema às tentativas de afastá-lo do equilíbrio.

Para lidar com a classe de sistemas de não-equilíbrio, propomos um corolário do Princípio da Termodinâmica de Kestin. Sua prova mostra que o estado de equilíbrio de um sistema é estável no sentido de Lyapunov. Nesta conclusão está implícito que um sistema resistirá ao deslocamento do estado de equilíbrio. O grau de afastamento do equilíbrio em um sistema é medido pelos gradientes impostos sobre ele.

> À medida que os sistemas são afastados do equilíbrio, eles irão utilizar todas as vias disponíveis para contrariar os gradientes aplicados. À medida que o gradiente aplicado aumenta, também aumenta a habilidade do sistema de opor-se a outros afastamentos do equilíbrio.

Vamos nos referir a isto como sendo a "Segunda Lei reformulada" e às afirmações pré-Carathéodory como a Segunda Lei clássica. Em sistemas químicos, o princípio de Le Chatelier é um exemplo da "Segunda Lei reformulada".

Sistemas termodinâmicos que exibem equilíbrio químico, térmico e de pressão resistem aos afastamentos desses estados. Quando retirados de seu equilíbrio, eles deslocam seu estado de maneira a exercer oposição aos gradientes aplicados e tentam mover o sistema de volta, em direção a seu atrator de equilíbrio. Quanto maior o gradiente aplicado, maior o efeito do atrator no sistema. Quanto mais um sistema é afastado do equilíbrio, mais sofisticados são seus mecanismos para resistir ao afastamento. Se as condições dinâmicas e/ou cinéticas permitirem, surgirão processos de auto-organização que promovem a dissipação de gradientes. Este comportamento não é sensato se visto de uma perspectiva clássica, mas é previsto pela Segunda Lei reformulada. O aparecimento de estruturas auto-organizáveis coerentes não é mais uma surpresa mas sim uma resposta previsível de um sistema, à medida que ele tenta resistir a e dissipar gradientes aplicados externamente e que o afastariam do equilíbrio. Portanto, temos *ordem a partir da desordem* na formação de estruturas dissipativas.

Até agora, nossa discussão centrou-se em sistemas físicos simples e em como gradientes termodinâmicos dirigem a auto-organização. Gradientes químicos também resultam em reações autocatalíticas dissipativas, exemplos destas sendo encontrados nos sistemas químicos inorgânicos simples, nas reações de síntese de proteínas e nas reações autocatalíticas de fosforilação, polimerização e hidrólise. Sistemas de reações autocatalíticas são uma forma de retroalimentação positiva em que a atividade do sistema ou reação aumenta a si própria através de reações auto-reforçadoras. A autocatálise estimula a atividade de agregação do ciclo inteiro. Essa atividade catalítica auto-reforçadora é auto-organizante e representa uma forma importante de aumentar a capacidade dissipativa do sistema.

A noção de sistemas dissipativos como dissipadores de gradiente é válida para sistemas físicos e químicos de não-equilíbrio e descreve os processos de aparecimento e desenvolvimento de sistemas complexos.

Não apenas os processos destes sistemas dissipativos são compatíveis com a Segunda Lei reformulada mas é esperável que, as condições permitindo, eles surgirão caso gradientes estejam presentes. A noção de Schrödinger da ordem a partir da desordem refere-se à emergência desses sistemas dissipativos, um fenômeno geralmente observado nas três classes de sistemas termodinâmicos.

Sistemas vivos como dissipadores de gradientes

Boltzmann reconheceu a aparente contradição entre a morte térmica do universo e a existência de vida onde sistemas crescem, tornam-se mais complexos e evoluem. Ele percebeu que o gradiente de energia do sol impulsiona o processo de vida e sugeriu uma competição do tipo darwinista para a entropia em sistemas vivos.

> A luta generalizada pela existência de seres animados não é portanto a luta pela matéria-prima – esta, para os organismos, corresponde ao ar, a água, o solo, todos presentes fartamente – nem é tampouco a luta pela energia que existe em abundância em qualquer corpo na forma de calor (embora, infelizmente, não transformável), mas é a luta pela entropia, que se torna disponível através da transição de energia do sol quente para a terra fria. (Boltzmann, 1886)

As idéias de Boltzmann foram mais exploradas por Schrödinger, o qual notou que alguns sistemas, como a vida, parecem desafiar a Segunda Lei clássica da termodinâmica (Schrödinger, 1944). Entretanto, Schrödinger reconheceu que sistemas vivos são abertos e não as caixas fechadas adiabáticas da termodinâmica clássica. Um organismo permanece vivo no seu estado altamente organizado ao importar energia de alta qualidade de fora de si mesmo e ao degradá-la para sustentar a estrutura organizacional do sistema. Ou, como disse Schrödinger, a única maneira de um sistema vivo permanecer vivo, longe da entropia máxima ou da morte, é

> retirando continuamente entropia negativa do seu ambiente ... Portanto, o estratagema que o organismo usa para se manter estacionário em um nível bastante alto de ordenação (= nível bastante baixo de entropia) na verdade consiste em continuamente sugar ordenação do seu ambiente ... as plantas ... é claro, conseguem seu suprimento mais poderoso de "entropia negativa" na luz solar. (Schrödinger, 1944)

A vida pode ser vista como uma estrutura dissipativa afastada do equilíbrio que mantém seu nível local de organização à custa de produzir entropia no ambiente.

Se considerarmos a terra como um sistema termodinâmico aberto com um grande gradiente imposto sobre ela pelo sol, a Segunda Lei reformulada sugere que o sistema irá reduzir esse gradiente utilizando todos os processos físicos e químicos disponíveis. Nós sugerimos que a vida existe na terra como um outro meio de dissipar o gradiente imposto pelo sol e, como tal, é uma manifestação da Segunda Lei reformulada. Sistemas vivos são sistemas dissipativos longe do equilíbrio e têm um grande potencial para reduzir gradientes de radiação na terra (Kay, 1984; Ulanowicz & Hannon, 1987).

A origem da vida é o desenvolvimento de uma outra via de dissipação de gradientes de energia induzidos. A vida assegura que essas vias dissipativas continuem e desenvolveu estratégias para manter as estruturas dissipativas em face de um ambiente físico oscilante. Sugerimos que os sistemas vivos são sistemas dinâmicos dissipativos com memórias codificadas, os genes, que permitem que os processos dissipativos continuem.

Argumentamos que a vida é a resposta ao imperativo termodinâmico de dissipar gradientes (Kay, 1984; Schneider, 1988). O crescimento biológico ocorre quando o sistema acrescenta mais dos mesmos tipos de vias de degradação de gradientes impostos. O desenvolvimento biológico ocorre quando novos tipos de vias de degradação emergem. Este princípio fornece um critério de avaliação de crescimento e desenvolvimento em sistemas vivos.

O crescimento das plantas é uma tentativa de capturar a energia solar e dissipar gradientes utilizáveis. Plantas de muitas espécies se organizam em conjuntos para aumentar a área de folhagem e assim otimizar a captura e a degradação de energia. Os orçamentos de energia bruta de plantas terrestres mostram que a grande parte do seu uso energético vai para a evapotranspiração, com 200-500 gramas de água transpiradas por material fixado fotossinteticamente. Este mecanismo é um processo muito eficiente de degradação de energia, com 2.500 joules usados por grama de água transpirada (Gates, 1962). A evapotranspiração é a principal via dissipativa em ecossistemas terrestres.

A distribuição biogeográfica global de abundância de espécies está altamente correlacionada com o potencial de evapotranspiração anual (Currie, 1991). Estas poderosas relações entre abundância de espécie e exergia disponível sugerem uma relação causal entre biodiversidade e processos dissipativos. Quanto maior a exergia disponível a ser dividida entre espécies, mais numerosas serão as vias disponíveis para a degradação de energia. Níveis tróficos e cadeias alimentares estão baseadas em matéria fixada fotossinteticamente e dissipam ainda mais esses gradientes, criando mais estruturas extremamente ordenadas. Portanto, esperaríamos mais diversidade aparecendo onde houvesse mais exergia disponível. A diversidade de espécies e os níveis tróficos são muito maiores no equador, onde 5/6 da radiação solar da terra ocorre e onde há mais gradiente a ser reduzido.

Uma análise termodinâmica de ecossistemas

Os ecossistemas são os componentes bióticos, físicos e químicos da natureza agindo em conjunto como processos dissipativos de não-equilíbrio. O desenvolvimento de ecossistemas deveria aumentar a degradação de energia se fosse de acordo com a Segunda Lei reformulada. Esta hipótese pode ser testada observando-se o fluxo de energia no desenvolvimento de ecossistemas durante o processo de sucessão ou à medida que eles são estressados.

Enquanto se desenvolvem ou amadurecem, os ecossistemas devem aumentar sua dissipação total e criar estruturas mais complexas, com mais diversidade e mais níveis hierárquicos para ajudar na degradação de energia (Schneider, 1988; Kay & Schneider, 1992). As espécies bem-sucedidas são aquelas que convergem energia para sua própria produção e reprodução e contribuem com os processos autocatalíticos, aumentando dessa forma a dissipação total do ecossistema.

Lotka (1922) e Odum & Pinkerton (1955) sugeriram que os sistemas biológicos que sobrevivem são aqueles que desenvolvem o maior poder de influxo e o utilizam para satisfazer melhor as suas necessidades de sobrevivência. Uma melhor descrição dessas "leis de poder" pode ser a consideração de que o crescimento biológico, o desenvolvimento de ecossistemas e a evolução representam a elaboração de novos caminhos dissipativos. Em outras palavras, os ecossistemas se desenvolvem de maneira a aumentar a quantidade de exergia que eles capturam e utilizam. Conseqüentemente, à medida que o desenvolvimento ocorre, a exergia da energia que sai diminui. É neste sentido que os ecossistemas desenvolvem o maior poder, isto é, eles usam da maneira mais eficiente a exergia da energia que entra e simultaneamente aumentam a quantidade de energia que capturam.

Esta teoria sugere que os estresses desorganizadores irão causar uma retração para configurações com menor potencial de degradação de energia. Ecossistemas estressados freqüentemente parecem os primeiros ecossistemas de estágios sucessivos e estão mais próximos do equilíbrio termodinâmico.

Os ecologistas desenvolveram métodos analíticos que permitem um estudo dos fluxos de matéria e energia através de ecossistemas (Kay et al., 1989). Com esses métodos é possível detalhar o fluxo energético e a maneira pela qual a energia é distribuída. Recentemente analisamos um conjunto de dados para os fluxos de carbono e energia em dois ecossistemas aquáticos de mangue próximos a uma usina nuclear no Rio Cristal, na Flórida (Ulanowitz, 1986). Os ecossistemas em questão são um mangue "estressado" e um mangue "controle". O "estressado" está exposto ao efluente de água quente da usina nuclear. O "controle" não recebe esse efluente mas, fora isso, está submetido às mesmas condições ambientais. Em termos absolutos, todos os fluxos declinaram no ecossistema estressado. A implicação é que o estresse resultou em um encolhimento em termos de biomassa, consumo de recursos, ciclagem e habilidade de degradar e dissipar a energia de entrada.

No geral, o impacto causado pelo efluente da água de aquecimento da usina foi reduzir o tamanho e consumo de recursos do ecossistema "estressado" e simultaneamente agir sobre sua habilidade de reter os recursos capturados. Esta análise sugere que a função e a estrutura de ecossistemas segue a via de desenvolvimento prevista pelo comportamento de estruturas termodinâmicas de não-equilíbrio e a aplicação desses comportamentos aos padrões de desenvolvimento de ecossistemas.

O fluxo energético de ecossistemas terrestres também nos permite testar a tese de que ecossistemas se desenvolvem de maneira a degradar a energia mais eficientemente. Estruturas dissipativas mais desenvolvidas deveriam degradar mais energia. Portanto, esperamos que um ecossistema mais maduro degrade o conteúdo de exergia da energia que captura mais completamente do que um outro menos desenvolvido. A queda de exergia através de um ecossistema está relacionada com a diferença de temperatura de corpo negro entre a energia solar capturada e a energia reirradiada. Se um grupo de ecossistemas fosse irradiado pela mesma quantidade de energia de entrada, esperaríamos que o mais maduro fosse reirradiar sua energia no menor nível de exergia (isto é, ele teria uma temperatura de corpo negro mais fria).

Luvall & Holbo (1989/1991) mediram a temperatura de superfície de vários ecossistemas, utilizando um explorador infravermelho multiespectral térmico (TIMS – *thermal infrared multispectral scanner*). Seus resultados mostram a tendência inconfundível de que, outras variáveis permanecendo constantes, quanto mais desenvolvido o ecossistema, mais fria é sua temperatura de superfície e mais degradada é sua energia reirradiada.

Dados obtidos com o TIMS em uma floresta de coníferas no oeste do Oregon mostraram que a temperatura de superfície de um ecossistema varia com seu tipo e maturidade. As temperaturas mais elevadas foram encontradas em uma área desmatada e sobre uma pedreira. O local mais frio, 299 K, com aproximadamente 26 K a menos que a área desmatada, foi uma floresta madura de Douglas Fir, de 400 anos, com uma cobertura de folhas de três níveis. Uma pedreira degradou 62% da radiação bruta incidente, enquanto a floresta de 400 anos degradou 90%. Locais de idade intermediária situaram-se entre esses dois extremos, com aumento da degradação de energia em ecossistemas mais maduros ou menos perturbados. Este singular conjunto de dados mostra que ecossistemas desenvolvem estrutura e função que degradam mais eficientemente os gradientes de energia impostos (Schneider & Kay, 1994).

No nosso estudo de fluxo energético os ecossistemas são tratados como sistemas abertos alimentados com energia de alta qualidade. Um sistema aberto sendo bombeado com esse tipo de energia pode ser afastado do equilíbrio. Mas a natureza resiste a afastamentos do equilíbrio. Portanto, os ecossistemas, enquanto sistemas abertos, respondem, sempre que possível, com o aparecimento espontâneo do comportamento organizado, o qual consome a energia de alta qualidade construindo e mantendo a recém-criada estrutura. Isso destrói a capacidade da energia de alta qualidade de afastar mais o sistema do equilíbrio. Este processo de auto-organização é caracterizado por mudanças abruptas que ocorrem à medida que um novo conjunto de interações e atividades dos componentes e o próprio sistema por inteiro emergem. Tal aparecimento do comportamento organizado, a essência da vida, é agora considerado previsível pela termodinâmica. Quanto mais energia de alta qualidade é bombeada em um ecossistema, mais organização emerge para dissipar a energia. Portanto, temos a ordem surgindo da desordem a serviço de uma desordem ainda maior.

Ordem a partir da desordem e ordem a partir da ordem

Sistemas complexos podem ser classificados em um *continuum* de complexidade, que vai desde a comum (sistemas prigoginianos, tornados, células de Bénard, sistemas de reações autocatalíticas) à emergente, talvez incluindo os sistemas socioeconômicos do homem. Os sistemas vivos se encontram na ponta mais sofisticada desse *continuum*; eles precisam funcionar no âmbito do contexto do sistema e do ambiente de que fazem parte. Se um sistema vivo não respeitar as circunstâncias do supersistema que o contém, ele será selecionado negativamente. O supersistema impõe um conjunto de restrições no comportamento do sistema e os sistemas vivos evolucionariamente bem-sucedidos aprenderam a viver dentro dessas restrições. Quando um novo sistema vivo é gerado após o colapso de um outro anterior, se ele for restrito a variações com alta probabilidade de sucesso, o processo de auto-organização se tornará mais eficiente. Os genes exercem esse papel de restringir o processo de auto-organização às opções com alta probabilidade de sucesso. Eles são o registro da auto-organização bem-sucedida. Os genes não são o mecanismo do desenvolvimento; a auto-organização é o mecanismo. Os genes limitam e restringem o processo de auto-organização. Em níveis hierarquicamente superiores, outros dispositivos exercem esse papel restritivo. A habilidade regenerativa de um ecossistema é uma função das espécies disponíveis para o processo de regeneração.

Dado que sistemas vivos passam por um ciclo constante de nascimento-desenvolvimento-regeneração-morte, preservar informação sobre o que funciona e o que não funciona é crucial para a continuação da vida (Kay, 1984). Esse é o papel do gene e, em maior escala, da biodiversidade: agir como um banco de dados da informação para estratégias de auto-organização que funcionam. Esta é a conexão entre os temas da ordem a partir da ordem e da ordem a partir da desordem de Schrödinger. A vida surge porque a termodinâmica comanda a ordem a partir da desordem sempre que suficientes gradientes termodinâmicos e condições ambientais existirem. Mas, se a vida deve continuar, as mesmas regras exigem que ela seja capaz de se regenerar, isto é, de criar ordem a partir da ordem. A vida não pode existir sem ambos os processos, *ordem a partir da desordem para gerar vida* e *ordem a partir da ordem para dar-lhe continuidade.*

A vida representa o balanço entre os imperativos da sobrevivência e a degradação de energia. Para citar Blum (1968):

> Gosto de comparar a evolução à feitura de um grande tapete. A forte e firme urdidura desse tapete é formada pela essência natural da matéria elementar não-viva e pelo modo como essa matéria foi reunida na evolução do nosso planeta. A termodinâmica teve um papel preponderante na construção da urdidura. Gosto de pensar que o entrelaçado multicolorido que forma o detalhe do tapete foi tecido na urdidura principalmente pela mutação e pela seleção natural. Enquanto a urdidura estabelece as dimensões e suportes do todo, é o entrelaçado que mais intriga o senso estético dos estudantes da evolução orgânica, ao mostrar a beleza e variedade de aptidões dos organismos no seu ambiente. Mas por que deveríamos dar tão pouca atenção à urdidura, que é afinal uma parte básica da estrutura? Talvez a analogia ficasse mais completa se fosse introduzido algo ocasionalmente visto no mundo têxtil, a participação ativa da urdidura no próprio padrão. Somente então, eu acho, poderíamos compreender o total significado da analogia.

Tentamos mostrar a participação da urdidura na produção do tapete da vida. Retornando a Schrödinger, a vida compreende dois processos, a ordem a partir da ordem e a ordem a partir da desordem. O trabalho de Watson & Crick e de outros descreveu o gene e solucionou o mistério da ordem a partir da ordem. Este artigo defende a premissa de Schrödinger da ordem a partir da desordem e faz uma melhor conexão entre a biologia macroscópica e a física.

Referências bibliográficas

AHERN, J. E. *The Exergy Method of Energy Systems Analysis*. New York: Wiley, 1980.

BLUM, H. G. *Time's Arrow and Evolution*. Princeton: Princeton University Press, 1968.

BOLTZMANN, L. The second law of thermodynamics (1886). Reprinted In: MCGUINESS, B. (Ed.) *Boltzmann, Theoretical Physics and Philosophical Problems*. New York: D. Reidel, 1974.

BRZUSTOWSKI, T. A., GOLEM, P. J. Second law analysis of energy processes. Part I: Exergy – an introduction. *Transactions of the Canadian Society of Mechanical Engineers*, v.4, n.4, p.209-18, 1978.

CHANDRASEKHAR, S. *Hydrodynamics and Hydromagnetic Stability*. London: Oxford University Press, 1961.

CURRIE, D. Energy and large-scale patterns of animal-and-plant species-richness. *American Naturalist*, v.137, p.27-48, 1991.

GATES, D. *Energy Exchange in the Biosphere*. New York: Harper and Row, 1962.

HATSOPOULOS, G., KEENAN, J. *Principles of General Thermodynamics*. New York: Wiley, 1965.

KAY, J. J. *Self-Organization in Living Systems*. PhD. (Thesis in Systems Design Engineering) – University of Waterloo, Ontario, 1984.

KAY, J. J., GRAHAM, L., ULANOWICZ, R. E. A Detailed Guide to Network Analysis. In: *Network Analysis in Marine Ecosystems*. WULFF, F., FIELD, J. G., MANN, K. H. Coastal and Estuarine Studies, v.32, p.16-61. New York: Springer-Verlag, 1989.

KAY, J., SCHNEIDER, E. Thermodynamics and measures of ecosystem integrity. In: MCKENZIE, D., HYATT, D., MCDONALD, J. (Ed.) *Ecological Indicators*. New York: Elsevier, 1992. p.159-81.

KESTIN, J. *A Course in Thermodynamics*. New York: Hemisphere Press, 1968.

______. (Ed.) *The Second Law of Thermodynamics*. Benchmark Papers on Energy, v.5. Investigations into the foundations of thermodynamics, by C. Carathéodory, p.225-6. New York: Dowen, Hutchinson and Ross, 1976.

LOTKA, A. Contribution to the energetics of evolution. *Proceedings of the National Academy of Sciences USA*, v.8, p.148-54, 1922.

LUVALL, J. C., HOLBO, H. R. Measurements of short term thermal responses of coniferous forest canopies using thermal scanner data. *Remote Sensing of the Environment*, v.27, p.1-10, 1989.

______. Thermal remote sensing methods in landscape ecology. In: TURNER, M., GARDNER, R. H. (Ed.) *Quantitative Methods in Landscape Ecology*. Chap. 6. New York: Springer Verlag, 1991.

NICOLIS, G., PRIGOGINE, I. *Self-Organization in Nonequilibrium Systems*. New York: Wiley, 1977.

______. *Exploring Complexity*. New York: Freeman, 1989.

ODUM, H. T., PINKERTON, R. C. Time's Speed Regulator. *American Scientist*, v.43, p.321-43, 1955.

SCHNEIDER, E. D. Schrödinger shorthanded. *Nature*, v.328, p.300, 1987.

______. Thermodynamics, information and evolution: new perspectives on physical and biological evolution. In: WEBER, B. H., DEPEW, D. J., SMITH, J. D. (Ed.) *Entropy, Information and Evolution*: New Perspectives on Physical and Biological Evolution. Boston: MIT Press, 1988. p.108-38

SCHNEIDER, E., KAY, J. Life as a manifestation of the second law of thermodynamics. *Mathematical and Computer Modeling*, v.19, n.6-8, p.25-48, 1994.

SCHRÖDINGER, E. *What is Life?* Cambridge: Cambridge University Press, 1944.

ULANOWICZ, R. E. *Growth and Development*: Ecosystem Phenomenology. New York: Springer, 1986.
ULANOWICZ, R. E., HANNON, B. M. Life and the production of entropy. *Proceedings of the Royal Society*, v.B 232, p.181-92, 1987.
WATSON, J. D., CRICK, F. H. C. Molecular structure of nucleic acids. *Nature*, v.171, n.4356, p.737-8, 1953.

13

REMINISCÊNCIAS

RUTH BRAUNIZER[1]

Gostaria de enfatizar que não sou uma cientista; portanto, aceitei este convite como um gesto elegante de lealdade a meu pai, em honra à sua memória. Sendo assim, desculpem-me por não mencionar seu trabalho.

O ano passado em Paris, em uma ocasião semelhante a esta, pediram-me para fazer um breve comentário biográfico sobre meu pai e não pude deixar de expressar minha restrição quanto a biografias em geral. Elas raramente fazem justiça às pessoas em questão e tendem a apresentá-las sempre no mesmo papel aos olhos do público. Aparecem como monumentos até que, de repente, alguém se deleita em apontar suas fraquezas e falhas, como se estas de fato tivessem qualquer significado.

Em nossos dias, a curiosidade exagerada pelas pessoas públicas está muito em moda, e, sejam elas genuinamente importantes ou não, quase nenhuma consegue escapar disso. De qualquer forma, a verdadeira história de Erwin Schrödinger ainda está por ser escrita. Para ser verídica, ela teria de lidar apenas com os fatos e abster-se de qualquer ficção ou concessão ao gosto público.

1 A-6236 Alpbach, 318 Tirol, Austria.

Neste momento sinto-me grata pela frase de Albert Einstein: A essência de um homem do meu tipo está precisamente no *que* ele pensa e *como* ele pensa, *não* no que ele faz ou sofre. O que Erwin Schrödinger pensou e como ele o pensou é em grande parte de conhecimento geral no mundo da física; qualquer um que compreenda sua linguagem pode ler, repensar, interpretar e, se quiser, contradizer ou apoiar suas idéias. Não é da minha alçada participar desta empreitada. Mas nenhum de nós pode adivinhar o que fez ele pensar, e pensar daquela maneira. Se pudéssemos encontrar uma explicação para isso, então teríamos a resposta da questão fundamental da vida. Para mim, só a tentativa já seria pretensiosa. O que posso fazer, entretanto, é voltar para trás no tempo, olhar para as influências decisivas que agiram sobre meu pai durante sua vida e tentar lembrar o que ele queria para si mesmo.

A principal influência foi o ambiente vienense entre a virada do século e o fim dos anos 20. Por não ter sido eu mesma testemunha, pude apenas ouvir, fascinada, as histórias desse período contadas pelas pessoas mais velhas. De Toqueville comentou certa vez que ninguém que não tivesse vivido antes da Revolução Francesa poderia imaginar como a vida era então; podemos dizer algo parecido sobre as últimas décadas do Império Austríaco. O brilho intelectual e o talento floresciam rapidamente em quase todas as áreas; dezenas de nomes famosos poderiam ser mencionadas então. A Universidade de Viena era a Meca de muitos. Havia a Faculdade Austríaca de Economia, a Faculdade de Medicina de Viena; havia pintores, compositores, arquitetos, escultores, escritores e atores.

As águas paradas do império em declínio proporcionaram um campo fértil para quase tudo que surgia e não menos para a comunidade ainda desconhecida dos físicos teóricos. Havia um excelente sistema de ensino que enfatizava as ciências humanas e, sendo barato, dava oportunidade a todas as crianças, mesmo às de pais pobres.

O resultado foi um grupo bastante amplo de pessoas, homens e mulheres, com uma sólida educação. Qualquer um dessa geração, fosse qual fosse sua ocupação, um doutor, um funcionário público, um engenheiro ou um capitão, teria sido capaz de apreciar Platão ou Sêneca no original, sem a ajuda de um dicionário ou comentário. Conseqüentemente, essa geração dominava a sua própria língua. Lembrei-me disto recentemente quando, ao receber e ler a carta de um jovem físico, o fiz com crescente espanto e incredulidade. A carta estava tão cheia de erros gramaticais e ortográficos que me perguntei como ele havia conseguido chegar até o colegial e, pior ainda, até os níveis escolares mais avançados. No entanto, trata-se de um cientista de grande potencial, muito conceituado entre seus colegas. Provavelmente ele não teria chegado aonde chegou na época do meu pai; o sistema o teria rejeitado ou forçado a fazer sua lição de casa.

Obviamente, nos dias de hoje podemos ir em frente sem dar muita importância à cultura. O incidente que mencionei levanta várias questões. O que vemos é apenas a conseqüência da especialização? Meu pai tinha medo da especialização e lutou para ser um generalista em todos os sentidos. Porém, essa foi a marca da sua geração. Mas será que, além disso, não era algo também muito pessoal, algo essencial para o seu progresso? Ou o jovem físico que mencionei é a prova de que um gênio vai prevalecer sob qualquer circunstância?

De qualquer forma, meu pai não teria sido admitido no *Gymnasium*, menos ainda na Universidade, sem uma gramática e uma ortografia perfeitas. Seu talento teria sido relegado para um outro nível, talvez o de um *free lance* cultural. Quem sabe poderia ter se tornado um pintor famoso, dificilmente um escritor de renome, quem pode dizer?

Mas, tendo enfatizado a importância da educação superior naqueles tempos, é apenas justo mencionar que em 1914 a maioria dos países mais importantes era governada por um grupo de pessoas muito bem educadas e cultas que, apesar dos seus conhecimentos, levaram a humanidade à maior catástrofe conhecida até hoje. Considerando tudo isto, devo concluir que a educação e o refinado preparo cultural do meu pai, tendo ou não importado para a sua realização científica, certamente foram essenciais para a sua aparência e para a impressão que deixou como ser humano. Meu pai era um cavalheiro dos velhos tempos, o que o tornou um homem muito amoroso e agradável de se conviver. Ele nos fazia sentir saudades do passado.

Feitas estas considerações, não podemos deixar de lado a grande influência da orientação dos seus pais. Ele logo tornou-se bilíngüe e ligado à família como a mãe, criada na Inglaterra. Ela era amante de música e tocava violino maravilhosamente. Quando morreu de câncer aos 54 anos de idade, o filho insistiu que a condição podia ter se agravado pela sua prática fervorosa do instrumento. Sua morte, juntamente com a do marido quase 2 anos antes, deixou uma trágica marca no filho. Depois disso, Erwin Schrödinger rompeu qualquer relação que até então tivera com a música.

Seu pai tinha um negócio familiar de produção e distribuição de tecidos exclusivos. Ma no fundo era um biólogo, ou um cientista, e, além disso, muito, mas muito interessado em arte. Ele era um diletante no verdadeiro sentido francês da palavra, e isso era algo positivo; uma pessoa de talento e intelecto, devotada a perseguir o conhecimento em áreas diferentes das da sua profissão. Papai Schrödinger também possuía uma grande biblioteca, que seu filho ocasionalmente usava desde o dia em que aprendeu a ler. Um dos poucos grandes desgostos que meu pai mencionou mais tarde foi a perda dessa biblioteca, pois, em um momento de descuido, concordara em vendê-la após a morte do seu próprio pai.

As pessoas consideradas superdotadas, e que por isso ficaram famosas, correm o risco de se tornarem legendárias. Às vezes, essas lendas revelam-se falsas pelo trabalho de um historiador atento. Gerações inteiras de crianças do mundo germânico aprenderam que as últimas palavras de Göethe foram "mais luz". Agora nos ensinam algo muito diferente: ele teria dito a uma jovem: "minha pequena, segure minha mão mais uma vez". Quando uma lenda é destruída, freqüentemente é substituída por outra. Mesmo no círculo íntimo da família, a imagem legendária de uma pessoa falecida tende a desenvolver-se. É difícil não participar de tais transformações da memória.

Pode ser-nos útil lembrar pequenos trechos de conversas e outras reminiscências, que nos dão a chave daquilo que a pessoa pensava de si mesma ou de como ela se mostraria se fosse solicitada a fazê-lo. Lembro-me muito claramente de uma conversação assim, mais ou menos 2 anos antes da morte do meu pai. Tratava-se do progresso de alguém e do assunto que ele ou ela deveria escolher para seus estudos futuros. Então meu pai disse abrupta e enfaticamente: "Antes de saber qual seria o assunto de minha escolha, já havia me decidido a ser um professor". Esta frase, apesar de gravada na minha memória, não é uma lenda. É como que uma revelação do verdadeiro Erwin Schrödinger. Ele não era apenas, como fiquei sabendo por muitos de seus alunos, um excelente professor, possuindo uma maneira extremamente clara e simples de se expressar, tanto falando quanto escrevendo (a sua formação multilíngüe deve tê-lo ajudado); a profissão de professor significava algo mais em sua vida. Precisava dela para fazer o que fazia. Era realmente o seu instrumento.

Tenho certeza de que há muitas pessoas, alguns milhões, provavelmente, que têm idéias maravilhosas e importantes. Teorias esplêndidas, quem sabe soluções maravilhosas para muitos problemas, encerram-se na mente de milhares de pessoas todos os dias. O único problema é que elas nunca vêm à tona e idéias e pensamentos acabam por se perder. Seus autores podem não as reconhecer como algo especial ou serem incapazes de divulgá-las. A profissão de professor em si mesma não fez que meu pai tivesse pensamentos especiais, desde que professores raramente têm algo mais excepcional a dizer do que outras pessoas. Mas sua necessidade singular de usar esse veículo tão eficiente para transmitir qualquer idéia que lhe vinha à mente foi provavelmente parte da força que o moveu.

Quando chegamos à Irlanda, há mais de 50 anos, éramos refugiados. O número de refugiados dificilmente mudou desde então, mas os costumes sim, e bastante, e temos motivos para acreditar que estamos assistindo às cenas finais de uma infeliz época de violência. Meu pai, tendo sido ele mesmo refugiado, seria solidário com todos aqueles que tiveram de deixar seu país de origem para salvar suas vidas. Tornou-se um refugiado por sua oposição aberta ao regime nazista. Não fosse por isso, poderia ter ficado e sido um dos homens sábios de Hitler que sobreviveram à guerra sem danos e tiveram poucos ou nenhum problema ou arrependimento.

Contrariamente a milhões de pessoas que foram perseguidas por sua origem, ele teve uma escolha. Ele escolheu partir. E, contrariamente a muitos outros, fomos privilegiados. Não tivemos de suplicar para sermos aceitos em um país estrangeiro, nem temer uma resposta negativa. Fomos convidados. E nos ofereceram uma hospitalidade generosa. Por isto, seremos para sempre gratos à Irlanda, ao seu povo e a Éamonn de Valera, um dos melhores amigos de meu pai.

Tenho repetido isso muitas vezes no passado e sinto-me muito feliz em dizê-lo hoje, pouco mais de meio século depois de nossa chegada a Dublin, nesta feliz ocasião e nesta bela cidade.

ÍNDICE REMISSIVO

SOBRE O LIVRO

Coleção: UNESP/Cambridge
Formato: 14 x 21 cm
Mancha: 24 x 42,5 paicas
Tipologia: Schneidler 10/12
Papel: Offset 75g/m² (miolo)
Cartão Supremo 250 g/m² (capa)
1ª edição: 1997

EQUIPE DE REALIZAÇÃO

Produção Gráfica
Edson Francisco dos Santos (Assistente)

Edição de Texto
Fábio Gonçalves (Assistente Editorial)
Ada Santos Seles (Preparação de Original)
Carlos Wagner F. dos Santos e
Ada Santos Seles (Revisão)

Editoração Eletrônica
Celso Carramenha Linck (Edição de Imagens)
Lourdes Guacira da Silva Simonelli (Diagramação)

Projeto Visual
Lourdes Guacira da Silva Simonelli

Impresso nas oficinas da
Gráfica Palas Athena